JN312465

グラウンドアンカー維持管理マニュアル

独立行政法人 土木研究所
社団法人 日本アンカー協会　共編

鹿島出版会

はじめに

　少子高齢化により投資余力が減少していくなか，安全で快適な社会・経済活動を維持するには，これまでに蓄積された社会資本のストックを有効かつ長く利用し続けていくことが必要である。特に高度成長期に建設された橋梁やトンネルなどの社会資本が耐用年数を迎えることにより，これらの既存社会資本の更新・補修のために必要費用も急激に増加することが予想される。

　また既設構造物を処分し，新たに構造物を更新することによる廃棄物の発生などの環境に与えるものも考慮すると，これら社会資本の健全性を評価し，適切な補修を通じて延命化を行う技術は社会的に強く求められている。

　アンカーが我が国において施工され始めてから50年が経過し，その間に多数の実績を重ねてきた。社会状況を背景に，アンカーについても適切な維持管理による既設アンカーの延命化，長期間が経過したアンカーの健全性の評価と補修技術が強く求められている。

　本マニュアルは，独立行政法人土木研究所とアンカーを実際に施工しているアンカー専門業者の集まりである社団法人日本アンカー協会が2005年度（平成17年度）に行った「グラウンドアンカーの健全性評価・補強方法に関する共同研究」の成果をもとにして取りまとめられたものである。

　本マニュアルでは，アンカーの耐久性に関する問題が発生する前に適切な対応を行い，アンカーを長期にわたり健全な状態で利用していくために，または長期間が経過したアンカーの健全性を評価し，できる限りの延命化を図るためにアンカーの点検・健全性調査・対策に関する考え方を記述している。

　マニュアルの作成にあたっては，数多くの現場における既設アンカーの点検・調査を行なうとともに，それらの既設アンカーに対する実際の補修とその効果の確認をしながら取りまとめられたものであり，また，今後新たに施工されるアンカーにおいて考慮すべき事項や新たな技術開発の方向性に関する提言も記述しており，グラウンドアンカーの理論と実践の両面から最新の技術を取り入れた内容となっている。

　今後，このマニュアルが社会資本の更新・補修を通じて我が国の社会に貢献することを期待してやまない。

独立行政法人　土木研究所
理事長　　坂　本　忠　彦

ま え が き

　グラウンドアンカー（以下，「アンカー」という）が，我が国で採用されて50年余を経ました。アンカーの耐久性の要となる防食対策については，1988年に土質工学会（現地盤工学会）が制定した「グラウンドアンカー設計・施工基準」によって初めて規定されました。特にそれまでに設置されたアンカーは，いわゆる「二重防食」を意識していなかったこともあり，今後その役割を継続するために，アンカーの健全性の判定と状態に応じた性能維持のための対策の必要性が現実のものとなってきています。アンカーの耐久性問題は，日本だけでなくアンカーの先進国であるヨーロッパをはじめ世界的な問題になっています。

　日本アンカー協会では，既設のアンカーに対しての健全性調査技術，対策技術，維持管理手法の開発は，それを使用している構造物の長寿命化，更新・保全時期の平準化，更新・保全費用の最小化，ライフサイクルコストの最小化等による，社会資本ストックの効率的活用に欠かすことのできない課題であると考え，独立行政法人土木研究所と「グラウンドアンカーの健全性評価・補強方法に関する共同研究」を行ってきました。

　共同研究の成果は，既設のアンカーについて点検・健全性調査・対策を中心とする日常の維持管理の重要性の強調と現場条件を十分加味した内容として，ここに「グラウンドアンカー維持管理マニュアル」として取りまとめました。

　アンカーの維持管理の実務には，アンカーの設計・施工・維持管理の総合的な高い専門技術と豊富な経験が必要です。協会では，グラウンドアンカー施工士更新講習や技術講習会等を通して，維持管理の重要性ならびに手法を十分理解した技術者の養成を行い，確実な対応ができる体制づくりをしていきます。

　また，既設のアンカーの日常の維持管理の重要性を，広く施設管理者にご理解いただくことも重要であると考えています。

　最後に，取りまとめに尽力された編集委員会の委員各位ならびにご協力いただいた関係者の皆様に深く感謝の意を表します。

社団法人　日本アンカー協会
会　長　　中　原　巖

「グラウンドアンカー維持管理マニュアル」編集委員会名簿

委員長	久保　弘明	（社）日本アンカー協会
副委員長	宮武　裕昭	（独）土木研究所
幹　事	末吉　達郎	（社）日本アンカー協会
幹　事	菅　浩一	（社）日本アンカー協会
幹　事	山崎　淳一	（社）日本アンカー協会
委　員	小野寺誠一	（独）土木研究所
委　員	岩井田義夫	（社）日本アンカー協会
委　員	浦川　信行	（社）日本アンカー協会
委　員	岡西　靖仁	（社）日本アンカー協会
委　員	奥野　稔	（社）日本アンカー協会
委　員	鈴木　武志	（社）日本アンカー協会
委　員	竹俣　高洋	（社）日本アンカー協会
委　員	永美　章	（社）日本アンカー協会
委　員	橋本　恵	（社）日本アンカー協会
委　員	伏屋　行雄	（社）日本アンカー協会
委　員	松田　竹司	（社）日本アンカー協会
委　員	吉野　英次	（社）日本アンカー協会
委　員	米村　晃	（社）日本アンカー協会
事務局	武山　光成	（社）日本アンカー協会

目　　次

はじめに
まえがき
編集委員会名簿

第1章　総　　則
1.1　マニュアルの目的 ……………………………………………………………… *1*
1.2　適用範囲 ………………………………………………………………………… *2*
1.3　用語の定義 ……………………………………………………………………… *2*
1.4　関連する基準類 ………………………………………………………………… *12*

第2章　アンカーの維持管理の基本的な考え方
2.1　アンカーの現状と課題 ………………………………………………………… *13*
2.2　アンカーの変状と要因 ………………………………………………………… *16*
2.3　アンカーの維持管理 …………………………………………………………… *17*
2.4　記録の保存 ……………………………………………………………………… *25*

第3章　アンカーの点検
3.1　点検の流れ ……………………………………………………………………… *27*
3.2　初期点検 ………………………………………………………………………… *29*
3.3　日常点検 ………………………………………………………………………… *35*
3.4　定期点検 ………………………………………………………………………… *36*
3.5　異常時点検 ……………………………………………………………………… *39*
3.6　点検記録 ………………………………………………………………………… *41*
3.7　健全性調査の必要性の判定 …………………………………………………… *41*

第4章　アンカーの健全性調査
4.1　健全性調査の基本的な考え方と流れ ………………………………………… *45*
4.2　健全性調査計画 ………………………………………………………………… *46*
　　4.2.1　健全性調査計画 …………………………………………………………… *46*
　　4.2.2　使用機器 …………………………………………………………………… *48*
　　4.2.3　調査・試験の数量 ………………………………………………………… *49*
4.3　健全性調査の種類 ……………………………………………………………… *49*

  4.3.1 事前調査 ……………………………………………………… *49*
  4.3.2 頭部詳細調査 …………………………………………………… *51*
  4.3.3 リフトオフ試験 ………………………………………………… *69*
  4.3.4 頭部背面調査 …………………………………………………… *76*
  4.3.5 維持性能確認試験 ……………………………………………… *80*
  4.3.6 防錆油の試験 …………………………………………………… *83*
  4.3.7 残存引張り力のモニタリング ………………………………… *88*
  4.3.8 超音波探傷試験 ………………………………………………… *90*

第5章 アンカーの対策工
 5.1 対策工の基本的考え方 ……………………………………………………… *93*
  5.1.1 正常なアンカーと対策工の必要なアンカー ………………… *94*
  5.1.2 対策工の選定 …………………………………………………… *95*
  5.1.3 対策工の種類 …………………………………………………… *95*
  5.1.4 正常なアンカーの延命化 ……………………………………… *99*
 5.2 対策工 ………………………………………………………………………… *100*
  5.2.1 防食機能の維持・向上 ………………………………………… *101*
  5.2.2 再緊張・緊張力緩和 …………………………………………… *113*
  5.2.3 更新 ……………………………………………………………… *116*
 5.3 緊急対策 ……………………………………………………………………… *117*
 5.4 応急対策 ……………………………………………………………………… *118*

むすび グラウンドアンカーの維持管理を踏まえた課題と対応 ……………… *119*

参考文献 ………………………………………………………………………………… *125*

参考資料
1. 維持管理のための各アンカー番号付け（例） ……………………………… *128*
2. アンカーカルテ，記録簿（例） ……………………………………………… *129*
3. 健全性調査項目 ………………………………………………………………… *134*
4. 健全性調査対策事例 …………………………………………………………… *135*
5. 防錆油の試験方法と試験事例 ………………………………………………… *142*
6. モニタリング事例 ……………………………………………………………… *146*
7. 超音波探傷試験について ……………………………………………………… *149*
8. 「グラウンドアンカー緊張管理システム」の概要 ………………………… *155*
9. 「グラウンドアンカー施工士」検定試験の概要 …………………………… *158*
10. 各国，各機関におけるアンカーの維持管理基準・勧告他の抜粋 ……… *160*

第1章 総　　則

1.1 マニュアルの目的

> 本マニュアルは，グラウンドアンカーの長期にわたる機能を確保するとともに，斜面・構造物等の安定・安全を維持するために，グラウンドアンカーの維持管理の考え方を示すものである。

　グラウンドアンカー（以下，「アンカー」という）は，自然斜面や切土，構造物等の安定化を図る目的で用いられ，昭和32年（1957年）に我が国において導入されて以来，すでに50年余り経過しており，この間に施工技術や使用材料など改良が重ねられ，施工事例も年々増加しており，最近5年間を平均すると，施工件数は年間約3,100件，施工延長は約2,100 kmとなっている。また，使用対象も自然斜面や切土，急勾配盛土，土留め等に広く使われるようになっている。

　しかし，初期に施工されたアンカーでは当時の施工技術や防食技術が開発途上のものもあり，近年になって長期間経過したアンカーにおいて，アンカーの引張り材（テンドン）の破断や頭部の落下，浮き上がり，斜面・構造物等の変状などの問題も見られてきている。こうした問題は，斜面・構造物等の安定のみならず，第三者の生命・財産に危険を及ぼす場合もある。

　特に，昭和63年（1988年）制定の土質工学会（現：地盤工学会）基準においてアンカーの二重防食が義務付けられる以前のアンカー（旧タイプアンカー）においては，アンカーの耐久性に問題があるものが多い傾向が見られ，これらアンカーに対する対応が早急に必要となってきている。また，アンカーが施工された斜面や構造物は，これまで対策済みの斜面・構造物として取り扱われ，日常の維持管理の対象とされることは少なかった。このため，アンカーの維持管理や健全性の評価に関する統一的な考え方が整理されておらず，問題が発生した場合に現場ごとに事後対処的な対応となる場合が多かった。

　さらに，上述したように，アンカーが我が国において施工され始めてから50年余り経過し，今後更新の時期を迎える既設アンカーが増加することが予測される。しかしながら，耐用年数に達する橋梁やトンネルなどの社会資本の数も今後増加し，これら社会資本の更新・補修のために必要な費用も今後急激に増加する状況において，更新の時期を迎えた社会資本も，その健全性を評価し，ライフサイクルコストを考慮し維持・補修を組み合わせることによりその延命化を図る必要が出てきている。アンカーにおいても，更新には多大な費用を要することから，今後適切に維持管理を行い，できる限り延命化を図ることが必要とされる。

　以上の問題に対して，アンカーの耐久性に関する問題が発生する前に適切な対応を行い，アンカーを使用する斜面および構造物の安定向上に用いる場合はアンカーを使用する構造物を長

期にわたり健全な状態で利用していくために，または長期間経過したアンカーの健全性を評価し，アンカーおよび斜面・構造物等のできるかぎりの延命化を図るために，アンカーの点検・健全性調査・対策に関する考え方をマニュアルとしてまとめた。また，今後施工されるアンカーにおける対応や技術開発の方向性に関する提案も本マニュアルにおいて記述している。

1.2 適用範囲

> 本マニュアルは，アンカーの点検，健全性調査および対策に適用する。

　本マニュアルは，構造物や斜面の安定化のために用いられているアンカーの点検，健全性調査および対策などの維持管理の基本的な考え方を取りまとめたものである。また，新設のアンカーに対しても，施工後の維持管理を考慮した構造・施工上の留意点も記載することでライフサイクルコストの低減をめざすものである。

　アンカーは，その性能を確保するためには，調査，設計，施工のみならず維持管理の占める割合が大きな構造物であり，本マニュアルは，すべてのアンカーの維持管理における基本的な考え方を示すものである。本マニュアルでは，仮設用途以外のアンカーを対象としているが，本マニュアルの考え方を仮設アンカーに適用することも可能と考える。

　本マニュアルは，アンカーを主な維持管理対象として作成したものであり，アンカーによって安定化を図っている構造物や斜面全体に対して必ずしも全て適用できるものではない。このため，構造物や斜面全体の維持管理においては，関連する基準類に基づき点検・健全性調査・対策を行う必要がある。

　アンカーは，道路やダム，砂防，建築，港湾など，各種の用途に用いられている。本マニュアルは，基本的にこれら各種の用途のアンカーに適用可能と考えられるが，点検や健全性評価の考え方などは，道路を前提に検討している。このため，他の用途への適用に当たっては，本マニュアルの考え方を参考に，用途別の維持管理の考え方に基づき適宜修正を加えて適用するのが望ましい。

　アンカーと類似の構造にロックボルトや地山補強土などがある。これらは，アンカーと構造や防食の考え方，設計・施工の考え方などが異なる場合が多いため，本マニュアルの適用範囲には含んでいない。しかし，本マニュアルの考え方を適宜準用して維持管理を行うことを妨げるものではない。

1.3 用語の定義

> 本マニュアルで用いる用語の定義は，次に示すとおりとする。
> (1) グラウンドアンカー：作用する引張り力を適当な地盤に伝達するためのシステムで，グラウトの注入によって造成されるアンカー体，引張り部，アンカー頭部によって構成されるものをいう。なお，本マニュアルでは，単にアンカーということもある。

(2) 斜面・構造物等：アンカーによって安定を図る対象となる斜面および構造物のこと。
(3) 二重防食：腐食防護が二重になされたものをいう。
(4) 仮設アンカー：工事中に仮設構造物などに加わる引張り力を地盤に伝えて，その変位・変形量を抑制するために用いるもので，供用期間が短く，簡易な防食・防錆を行ったもの，あるいはその必要がないものをいう。
(5) 旧タイプアンカー：1988 年 11 月制定土質工学会基準「グラウンドアンカー設計・施工基準」(JSF：D1－88) 以降の学会基準に準拠していない構造のアンカーをいう。
(6) アンカー体：グラウトの注入により造成され，引張り部からの引張り力を地盤との摩擦抵抗もしくは支圧抵抗によって地盤に伝達するために設置する抵抗部分をいう。
(7) 引張り部：アンカー頭部からの引張り力をアンカー体に伝達するために設置する部分をいう。
(8) アンカー頭部：斜面・構造物等からの力を引張り力として引張り部に伝達するために設置する部分をいい，定着具と支圧板からなる。
(9) アンカー頭部背面：アンカーの引張り部の定着具背面からある範囲の部分をいう。
(10) テンドン：引張り力を伝達する部材をいう。通常，PC 鋼線，PC 鋼より線，PC 鋼棒，あるいは連続繊維補強材などコンクリート補強用の材料として，JIS あるいは学会の規格として認められたものが用いられている。
(11) 再緊張余長：再緊張に必要なアンカー頭部におけるテンドンの緊張しろをいう。
(12) アンカー自由長部シース：テンドン自由長部の摩擦損失を防ぎ，かつ防食を図るためのもので，フレキシブルなプラスチック管などが用いられる。
(13) グラウト：注入材あるいは注入材が固化したものをいい，セメント系グラウトと合成樹脂系グラウトなどがある。
(14) 定着具：テンドンをアンカー頭部で定着させる部材をいう。
(15) 支圧板：定着具と受圧構造物との間に荷重を分散させる目的で設置される部材をいう。
(16) 受圧構造物：アンカー頭部からの緊張力を有効に斜面・構造物等に伝達するために設ける台座等をいう。
(17) 頭部キャップ：アンカー定着具およびテンドンの保護と防食のために，これを覆うとともに防食用材料が充填でき，かつ維持点検時には取り外しが可能なものをいう。
(18) 頭部コンクリート：アンカー定着具の保護と防食のために，これを覆うコンクリートまたはモルタルをいう。
(19) 防食用材料：アンカーに用いる鋼材の錆または腐食を防止するために使用する材料をいう。
(20) 防錆油：オイル系の防食用材料で，グリース類やペトロラタム類の防食材をいう。

(21) 点検：アンカーの状態を定期的あるいは緊急的に確認し，異常の的確な把握を行う維持管理作業をいう。日常点検，定期点検および異常時点検からなる。
(22) 予備調査：アンカーの点検に先立ち実施される，維持管理に必要となるデータ・資料等を収集・整理する作業をいう。
(23) 初期点検：健全性の問題が潜在化していると考えられるアンカーに対し，点検前の状況を把握するために行う調査であり，アンカーの点検の前に実施されるものである。
(24) 目視：点検を行う際にアンカーの外観等から，主に異常の有無を確認すること。日常点検および異常時点検ではパトロールの車上から斜面・構造物等を概観し，定期点検では，アンカーに近接して1本ずつのアンカーについて確認をする。
(25) 近接点検：アンカーに近接して行う点検。パトロールなどの際に行う遠方からの目視による点検では確認しにくい細部に発生した異常の発見や発見された異常の詳細を確認するために行う。場合によっては打音検査などアンカーに接触しての点検を行うこともある。
(26) 日常点検：通常の巡回時において実施する点検であり，主として目視により行われる。
(27) 定期点検：半年あるいは年単位で定期的に実施する点検であり，日常点検よりも詳細に点検が行われる。また，日常点検や異常時点検によって異常の兆候が発見された場合にも定期点検に準じて点検を行う
(28) 異常時点検：豪雨や大地震などのアンカーに異常を発生する恐れのある異常事態発生後に主に目視により異常を発見するために行う調査である。
(29) 健全性調査：アンカーの点検により異常が確認された場合に，より詳細にアンカーの状態を確認し，健全性を評価するための調査をいう。
(30) 対策：アンカーの耐久性向上対策，補修・補強，更新，緊急対策，応急対策等の総称。
(31) 耐久性向上対策：アンカーの健全性調査により，調査時点において健全性は確保されているが，将来的には設計供用期間を通じて必要な性能を確保するのが困難と予想されるアンカーに対して，その性能を設計供用期間まで維持するためにとる処置をいう。
(32) 補修・補強：アンカーの健全性調査により，供用上必要なレベルを下回る性能を持つアンカーに対して，供用上必要なレベルまで性能の向上を図る処置をいう。
(33) 更新：アンカーの健全性調査により，供用上必要なレベルを下回る性能を持つアンカーに対して，補修・補強により健全性を確保することが困難な場合，または経済的・効率的でない場合に，新たなアンカーを打設する処置をいう。
(34) 緊急対策：アンカーの点検により，終局限界レベルを下回る，あるいは下回ることが予想されるアンカーに対して，第三者への被害等を防ぐために，緊急

(35) 応急対策：アンカーの健全性調査により，供用上必要なレベルを下回った状態にあるアンカーに対して，本格的な対策には時間を要する場合等に，当面の機能確保や機能の低下防止のために行う処置をいう。

(36) 延命化対策：更新時期を迎えるアンカーを更新せずに，それ以降もその機能を発揮させるために行う処置をいう。

(37) リフトオフ試験：すでに定着されているアンカーの残存引張り力を測定する方法のうち，定着具やテンドン余長にジャッキを設置して載荷することで，定着具が支圧板から離れ始めたときの荷重を測定し，アンカー残存引張り力を求める試験をいう。

(38) 維持性能確認試験：アンカーの引抜き力やテンドンの引張り強さ，拘束力が設計アンカー力以上に確保されているか確認する試験をいう。

(39) 超音波探傷試験：テンドンのクラック，断面欠損などの損傷をアンカー頭部から調査を行うために，超音波を用いて探傷を行う試験をいう。

(40) モニタリング：通常の点検よりも高い頻度で，継続的に計測を行うことで供用中のアンカーの状態を把握すること。一般には荷重計を用いた残存引張り力のモニタリングを指すことが多い。

(1) アンカーの基本要素であるアンカー体，引張り部，アンカー頭部は，図-解 1.1 に示すとおりである。

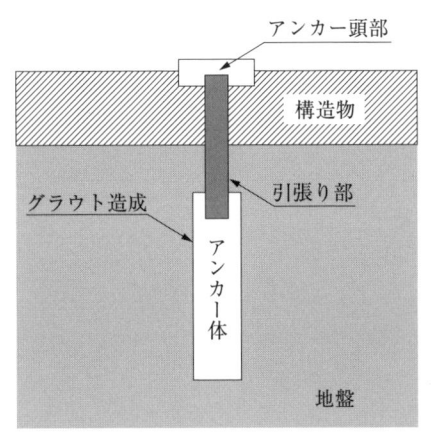

図-解 1.1　アンカーの基本要素

以前は対象地盤を土層あるいは風化の進んだ軟岩とした「アースアンカー」という呼び名が広く用いられていたが，1988 年の土質工学会（現：地盤工学会）基準「グラウンドアンカー設計・施工基準」の制定以降，対象地盤に岩盤も含め「グラウンドアンカー」という用語が用いられている。

類似の構造に，ロックボルト，地山補強土，アンカーボルト，タイロッド，沈設アンカーなどがあるが，構造，設計の考え方が異なるため，本マニュアルではアンカーに含めない。

(2) アンカーは，その引張り力を利用することにより，経済的に構造物や斜面の安定を図ることができるので，多くの目的や用途に使用されている。アンカーの主な用途の例を図-解 1.2 に示す。

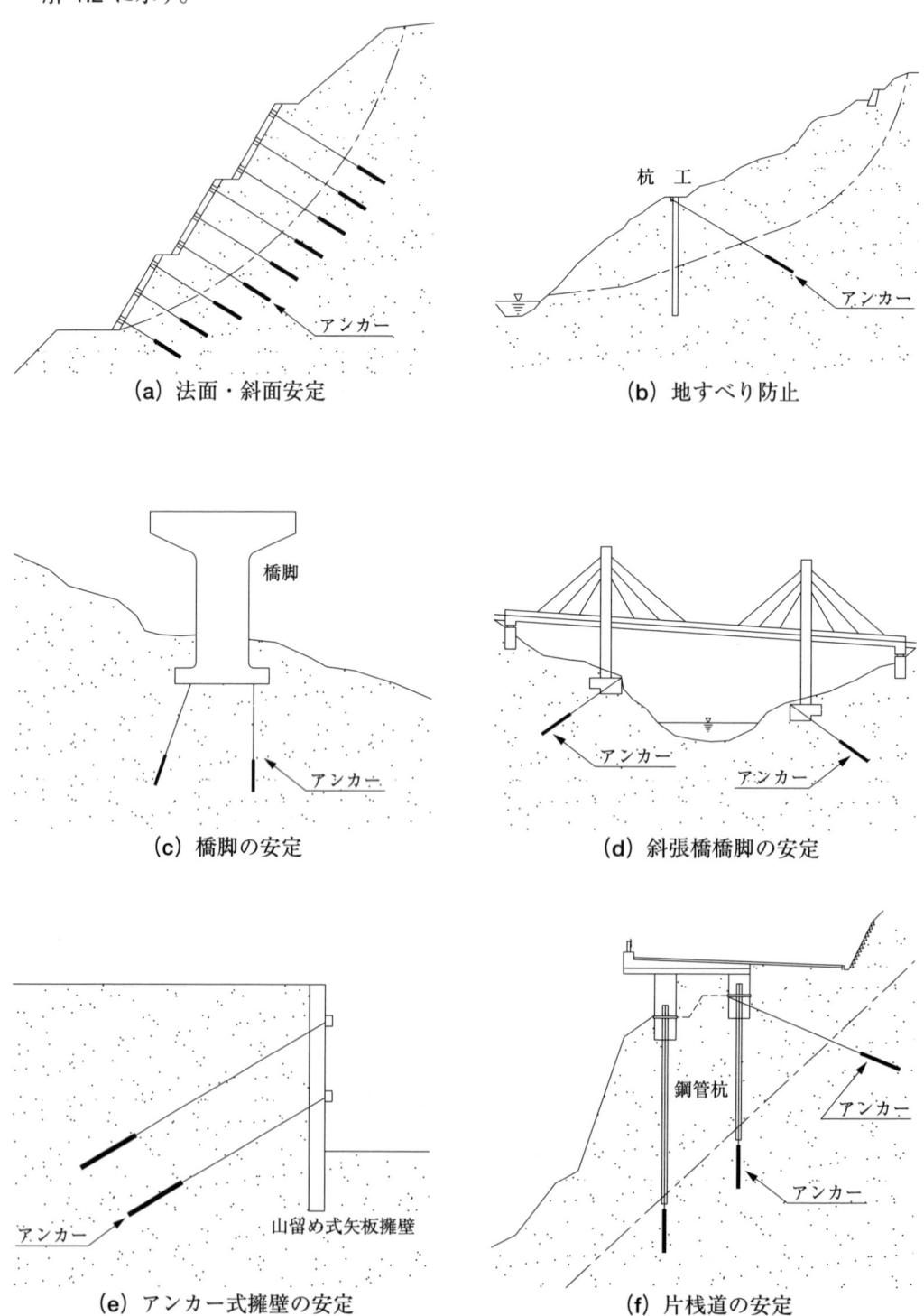

(a) 法面・斜面安定

(b) 地すべり防止

(c) 橋脚の安定

(d) 斜張橋橋脚の安定

(e) アンカー式擁壁の安定

(f) 片桟道の安定

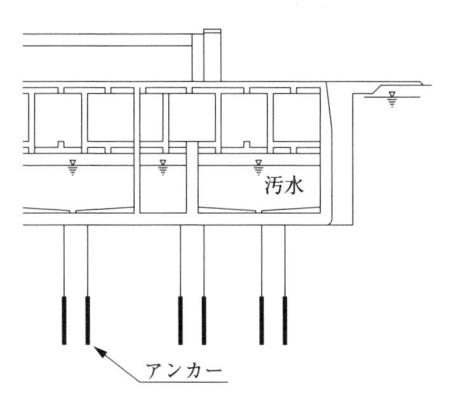

(g) 構造物の浮き上がり防止　　　　　　　(h) ダムの安定

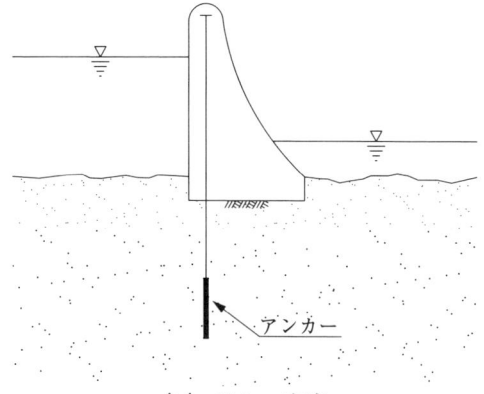

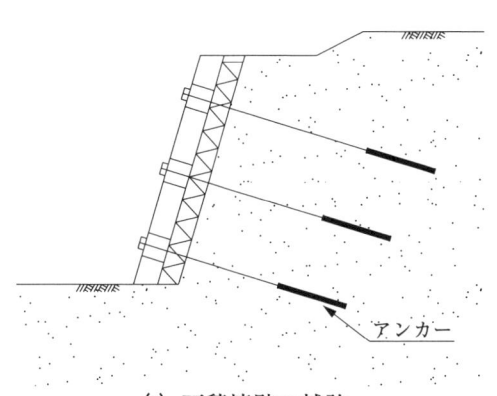

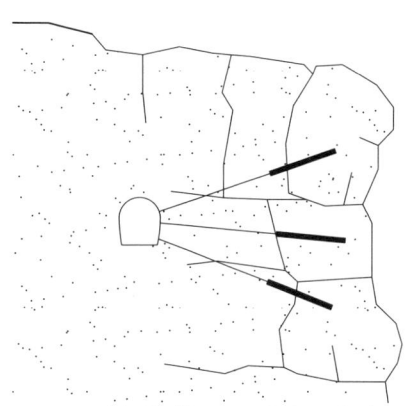

(i) 石積擁壁の補強　　　　　　　　　　　(j) 防災および景観の保全

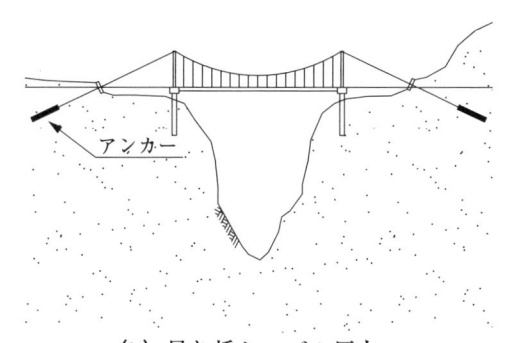

(k) 吊り橋ケーブル反力

図-解 1.2　アンカーの用途（例）

(3) 二重防食とは，テンドンを外部の腐食環境から遮断するために，鋼材を耐食性のある 2 種類以上の材料で防護した状態をいう。二重防食は，1988 年の学会基準において，「二重防食によることを原則とする」と初めて規定されたが，2000 年の改訂学会基準においては，「供用期間中にアンカーの機能が低下しないように確実な防食を行う」ことと規定され，二重防食の用語は使用されていない。しかし，本マニュアルでは 2000 年より前のアンカーも対象としていることから，二重防食という用語を使用している。

(4) 1988 年の学会基準において，仮設目的以外のアンカーは二重防食によることが義務付けられ，2000 年の改訂基準においてもその考え方が規定されている。1988 年以前の学会基準では，二重防食が義務付けられておらず，アンカーの防食が確実に行われていないものが多く，施工後の経時変化で耐久性に問題が発生する可能性が高い。このため本マニュアルでは，確実に防食が行われているアンカーと区別し，旧タイプアンカーとして定義している。

　なお，1988 年制定の学会基準は，表-解 1.1 に示すように，1990 年に「グラウンドアンカー設計・施工基準，同解説」として刊行されており，学会基準の現場での実際の運用は 1990 年以降の場合が多いと考えられる。このため，アンカーの施工年による旧タイプアンカーとしての区分は，1990 年の前後 2 年程度を目安として判断するのがよい。

表-解 1.1　アンカーに関する主な基準類の変遷

発刊・制定年月	基準・書籍名	制定者・発刊者
1976 年 9 月	アース・アンカー工法 －付・土質工学会アースアンカー設計・施工基準－	(社) 土質工学会
1986 年 11 月	道路土工－のり面工・斜面安定工指針	(社) 日本道路協会
1988 年 11 月	グラウンドアンカー設計・施工基準 (JSF：D1-88) 制定	(社) 土質工学会
1990 年 2 月	土質工学会基準－グラウンドアンカー設計・施工基準，同解説　発刊	(社) 土質工学会
1992 年 3 月	グラウンドアンカー設計・施工手引書 (案)	(社) 日本アンカー協会
1999 年 3 月	道路土工－のり面工・斜面安定工指針	(社) 日本道路協会
1999 年 3 月	グラウンドアンカー設計・施工基準 (JGS4101-2000) 制定	(社) 地盤工学会
2000 年 3 月	グラウンドアンカー設計・施工基準，同解説　発刊	(社) 地盤工学会
2003 年 5 月	グラウンドアンカー施工のための手引書	(社) 日本アンカー協会

(5) 引張り力を地盤に伝達する機構を図-解 1.3 に示す。現在，市場に流通しているアンカーの形式は，摩擦方式がほとんどであるが，支圧方式のアンカーも数種類開発され，実際に使用されている。

(6) アンカー頭部背面の範囲は，アンカー頭部と引張り部との不連続となる接続部の影響を

(a) 摩擦方式

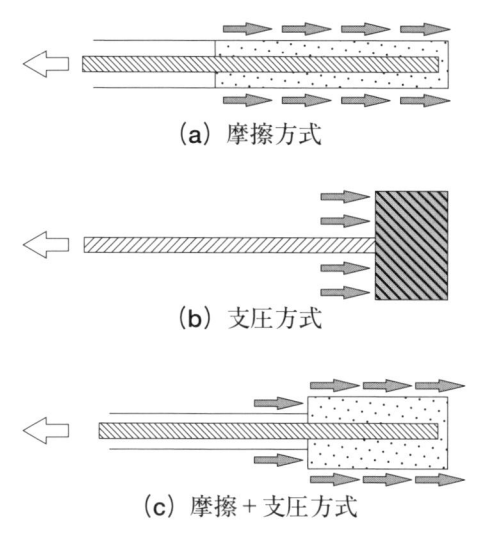

(b) 支圧方式

(c) 摩擦+支圧方式

図-解 1.3 引張り力の地盤への伝達機構

受ける範囲または直接調査や補修・補強が可能な範囲が目安となる。

(7) アンカー各部分の長さ，名称を図-解 1.4 に示す。
　再緊張余長は，アンカーの設置後に再緊張を行う場合に備えて確保される余長のことである。

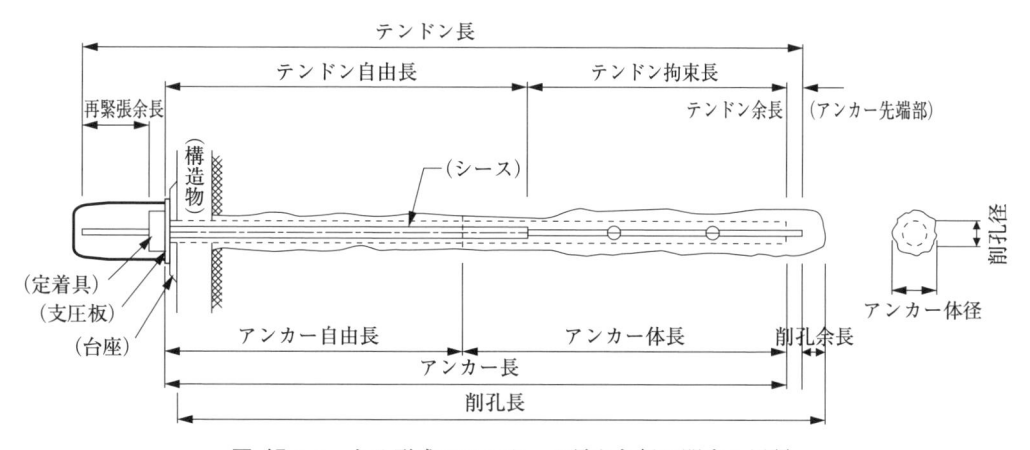

図-解 1.4 ある形式のアンカーの長さと径に関する用語

(8) シースの例を図-解 1.5 に示す。

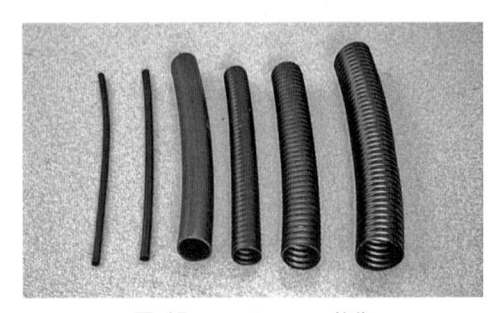

図-解 1.5　シース（例）

(9) 定着具には，主として次のようなものが用いられている。
　① ナット方式
　② くさび方式
　③ くさび＋ナット方式
　④ 連続繊維補強材の定着方式
①〜③の方式の定着具の例を図-解 1.6 に示す。

　　（a）ナット方式　　　（b）くさび方式　　　（c）くさび＋ナット方式
図-解 1.6　定着具（例）

(10) 支圧板は，一般には鋼板が用いられている。支圧板の例を図-解 1.7 に示す。

図-解 1.7　支圧板（例）

(11) 頭部キャップの例を図-解 1.8 に示す。

図-解 1.8 頭部キャップ（例）

(12) 頭部コンクリートの例を図-解 1.9 に示す。頭部コンクリートは，アンカー定着具を覆うコンクリートまたはモルタルであり，通常は場所打ちにより防食用材料を充填せずに定着具を直接覆っている場合が多く，維持管理が困難である。維持管理を考慮し，最近では使用されることは少ない。

図-解 1.9 頭部コンクリート（例）

(13) アンカー各部の防食用材料と防食方法の特徴は，工法によって異なるが，その代表的な例を表-解 1.2 に示す。

表-解 1.2 防食用材料と防食方法の例

名称	防食用材料				防食方法の特徴
	セメント系	防錆油	合成樹脂	金属	
アンカー頭部	コンクリート被覆※ モルタル被覆※	グリース類 ペトロラタム類	ポリエチレンキャップ プラスチックキャップ ABS樹脂キャップ	鋼製キャップ アルミ製キャップ	頭部キャップと防錆油充填が多い
アンカー自由長部	セメントペースト モルタル	グリース類 ペトロラタム類	ポリエチレン	—	グラウト，自由長部シース，防錆油による防食が多い
アンカー体部	セメントペースト モルタル	グリース類 ペトロラタム類	ポリエチレン エポキシ樹脂	ステンレス鋼管 メッキ処理鋼管 鋼製拘束具	セメントペーストと何らかの防食用材料の組み合わせ，工法により異なる

※近年は使用されることは少ない

1.4 関連する基準類

> 本マニュアルに記載の無い事項については,関連する基準類を参考・準拠とすることが望ましい。

　本マニュアルは,アンカーの維持管理の考え方に関する事項を規定しているが,アンカーの設計・施工の一般的な事項,または本マニュアルに記載の無い事項については,関連する表-解 1.3 の基準類を参考・準拠することが望ましい。

表-解 1.3 関連する基準類

基　準　類	発行年月	発　行　者
地盤工学会基準—グラウンドアンカー設計・施工基準,同解説（JGS4101-2000）	2000 年 3 月	(社) 地盤工学会
グラウンドアンカー施工のための手引書	2003 年 5 月	(社) 日本アンカー協会
道路土工—のり面工・斜面安定工指針	1999 年 3 月	(社) 日本道路協会
グラウンドアンカー工設計指針*	1992 年 11 月	日本道路公団
建設省河川砂防技術基準（案）同解説—設計編［Ⅱ］	1997 年 10 月	(社) 日本河川協会
建築地盤アンカー設計施工指針・同解説	2001 年 1 月	(社) 日本建築学会

＊旧道路公団の指針は,（財）道路厚生会より一般に販売しているが 2006 年 3 月時点では販売中止

第 2 章　アンカーの維持管理の基本的な考え方

2.1　アンカーの現状と課題

> アンカーは，これまで非常に多くの施工実績を有するが，耐久性に問題のあるものや当初の機能を十分に発揮できないものなども見られることから，適切に維持管理を実施し，機能の維持や第三者への被害防止に努めなければならない。

　アンカーが仮設用途以外に本格的に使用されたのは 1957 年からであり，すでに 50 年以上経過している。これ以降，高度成長に伴う社会資本整備に伴い，その適用が増加するとともに，厳しい施工条件への対応や経済的かつ施工性に優れたアンカーを開発すべく研究開発が行われ，さらに学会等による設計・施工基準の整備によりその信頼性を確保してきた。これらの努力により，施工実績が年々増加してきている。

　初期に施工されたアンカーの施工実績に関するデータは整理されていないが，主要 4 工法について 1983 年から 1993 年までに国，都道府県，公団等の公的機関から発注された主な仮設用途以外のアンカー工法の実績をまとめた結果を図-解 2.1，2.2 に示す。

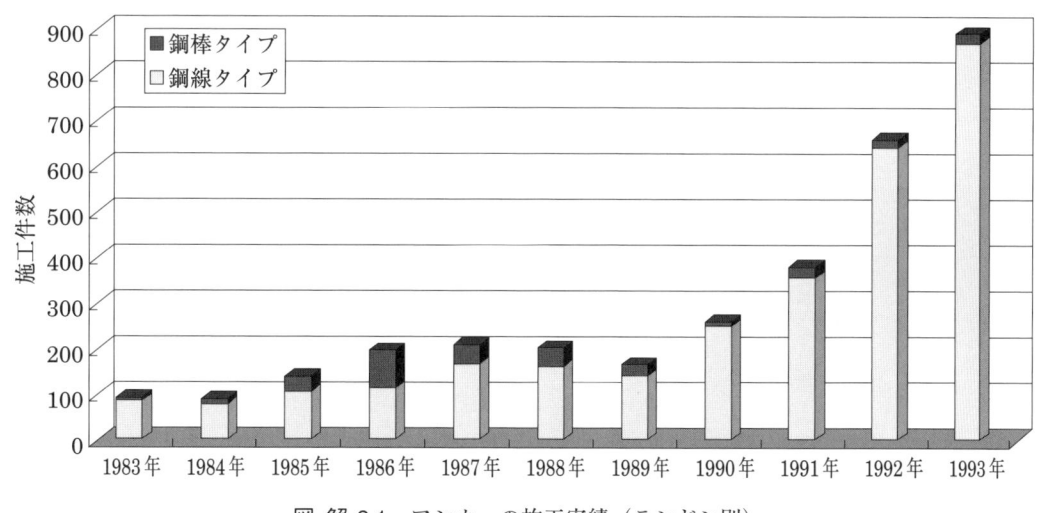

図-解 2.1　アンカーの施工実績（テンドン別）

　施工実績は，1990 年代に入り急激に増加しており，1993 年には年間 900 件に近い施工実績を有している。また，その適用も約半数が道路への適用であるが，その他，ダム，砂防，河川など幅広く適用されている。

図-解 2.2 アンカーの施工実績（対象構造物別）

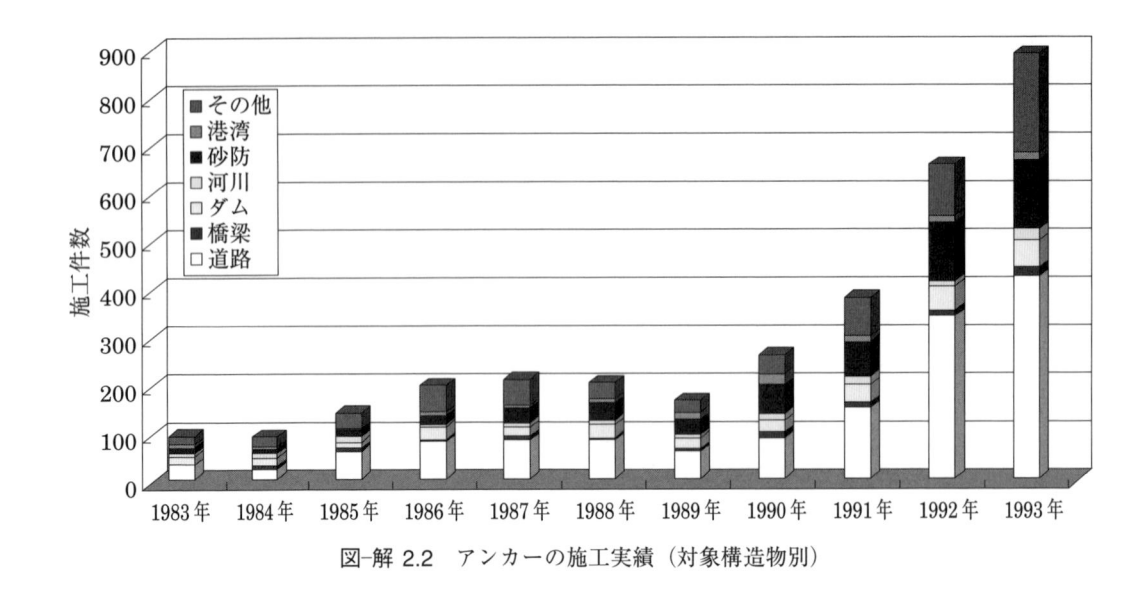

　近年の施工実績は，(社)日本アンカー協会によりまとめられており，1996年度以降の10年間の実績を図-解2.3に示す。1996年度以降に，仮設アンカーおよび永久アンカーを含めたアンカー全体の施工実績は，施工件数は約3万4,000件であり，施工延長は約2万5,000kmとなっている。そのうち，仮設用途以外のアンカーの施工件数は約2万4,000件（年間平均約2,400件），施工延長は約1万5,000km（年間平均約1,500km）となっている。
　一方，これらのアンカーのうち，20～25％のアンカーはすでに施工後10年以上経過しており，これらの中には防食が十分でない旧タイプアンカーが多く含まれている。これらのアンカーには導入当時，設計・施工技術が開発途上のものもあり，長期間の使用に伴いアンカーの変状・損傷など耐久性や機能に関する問題が見られるようになってきている。現場において観察される主な変状・損傷を以下に示す。

① アンカー頭部の変状
　テンドンの破断やアンカー体の引き抜け，受圧構造物の沈み込みが発生すると，アンカー頭部が浮き上がったり，場合によっては頭部が数十cmから数m飛び出す場合がある。

② アンカー頭部の損傷
　頭部コンクリートの劣化により多数のクラックの発生や一部あるいは全体が落下することがある。特に頭部コンクリートの落下は，アンカーの耐久性の問題とともに落下したコンクリートによる第三者への被害の危険もある。また，落石や雪荷重，除雪・除草時の機械の接触などによりアンカー頭部が破損し，保護機能に支障をきたす場合もある。

③ アンカー頭部周辺の変状
　アンカー体に変状が発生した場合に，アンカー頭部周辺にその痕跡が見られる場合がある。例えば，雨水や湧水がアンカー内に浸透していると浸透経路のコンクリートに含まれる石灰が溶出し，頭部周辺に遊離石灰として痕跡を残すことがある。同様に頭部周辺に雑草が繁茂している状態もアンカーテンドンや頭部が湧水等に曝されている兆候となる。
　またアンカー頭部を腐食から防護するための防錆油が漏れ出すことがあり，その場合も漏

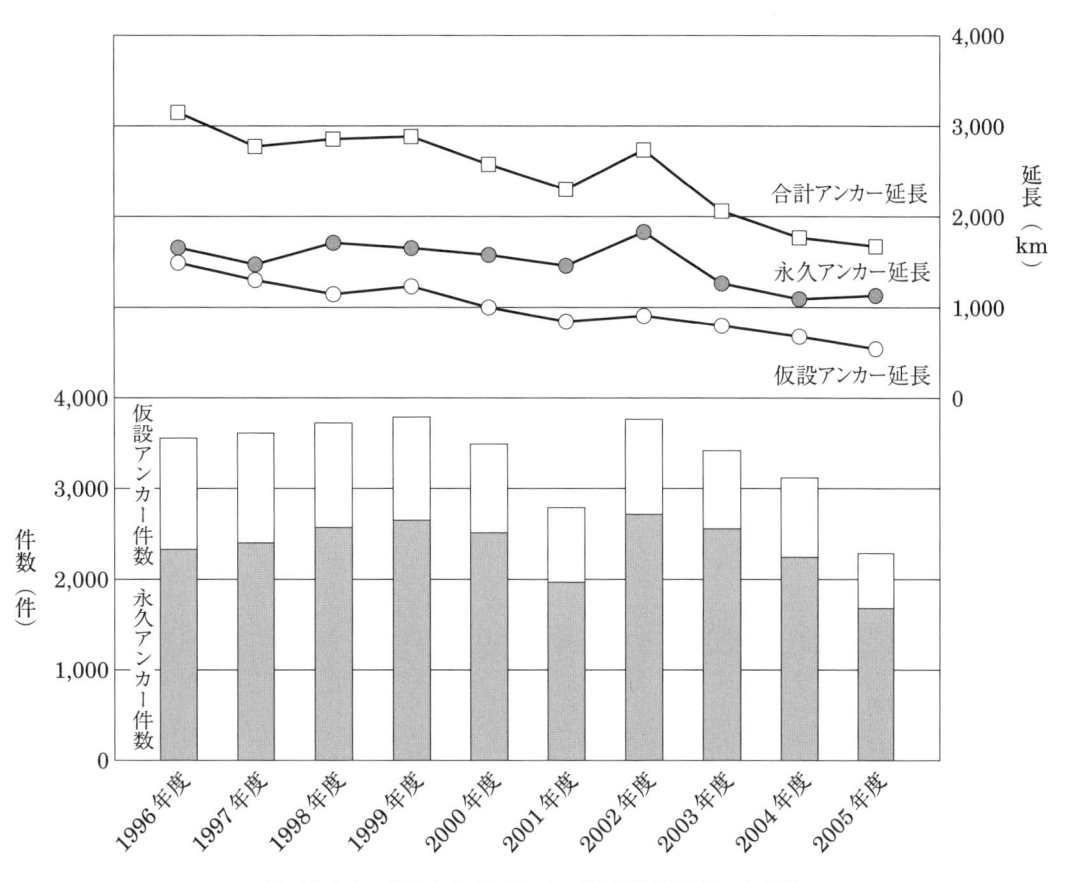

図-解 2.3 グラウンドアンカー年度別施工実績の推移

出の痕跡が頭部周辺に残ることがある。

④ 反力構造物の劣化・変状

アンカー自体に原因がなくても，反力法枠等の構造物の強度低下により緊張力の低下を招き，斜面に変状を起こす場合がある。反力構造物の変状に伴ってアンカーにも機能低下が発生する場合がある。

以上のように，長期間経過したアンカーにおいて各種の変状・損傷などの問題が見られるが，一方では施設管理者においてアンカーの日常的な点検・維持管理を行う体制が十分に整っているとはいえず，上述のような問題が明らかになった段階で，調査・補修等の対策が緊急的に行われているのが現状である。すでに多くの施工実績を有するアンカーにおいて，特に潜在的に上述のような問題が発生する可能性がある旧タイプアンカーが多数施工されていることから，今後もこのような問題が顕在化する可能性がある。

アンカーは1本当たり数百 kN という非常に大きな引張り力により斜面や構造物の安定を図っており，その機能を失うと斜面・構造物への安定性に及ぼす影響は大きい。また頭部の飛び出しや落下等による第三者への被害の可能性を有することから，これらを未然に防ぐために

日常的な点検によりアンカーの状態を把握するとともに，健全性に問題がある場合には必要な対策を行う体制・手法を整える必要がある。

また，アンカーを仮設用途以外で供用期間中にわたり使用するためには，その機能を常に必要な水準以上に保つ必要があり，このためにはアンカーの健全性・機能を常に確認し，供用期間中に必要な機能を発揮できない可能性がある場合には，機能や耐久性の向上のために必要な対策を施す必要がある。

このように，アンカーはすでに長期にわたり多くの施工実績を有するため，既設のアンカーの維持管理が非常に重要な課題となっているが，新設のアンカーにおいても施工中から継続的に維持管理を行うことも必要といえる。また，併せて今後新たに設計施工するアンカーにおいても，将来の維持管理を考慮した設計・施工，構造上の工夫が必要とされる。

さらに，今後更新の時期を迎えるアンカーの増加が予想されるが，アンカーの延命化を行い，更新の時期を延ばすことが必要になる。この場合，既設アンカーの健全性を評価し，健全性の度合いに応じた対策や継続的な維持管理を行う必要がある。

2.2 アンカーの変状と要因

> 1) アンカーの維持管理において，重大な事象に結びつく要因とその影響を把握し，異常・変状の早期発見に努めなければならない。
> 2) アンカーの維持管理時に確認できた異常・変状に対して，それらが原因となって生じる可能性のある事象を想定し，効果的な対策を実施しなければならない。

1) アンカーの維持管理は，アンカーで補強された斜面・構造物等の重大な事象を防止することが目的の一つである。そのために，重大な事象に結びつく要因とその関連性を把握した上で，維持管理において重要な異常・変状を早期に発見することに努めなければならない。

アンカーの変状は，周辺の地形，地質の変化，豪雨融雪，地下水位の変化，防食材の劣化・流出・不足，防食不良等の要因により想定外の外力の作用，過大な緊張力の作用，法枠構造物の劣化，テンドンの腐食，アンカーの引抜き抵抗力の低下，アンカー頭部材料の劣化等が起こり，想定以上のすべり，法枠・構造物の破壊，アンカーの破断・引抜け等が発生する。そして，斜面・構造物等の変状・崩壊，アンカー頭部の飛び出し・落下等の重大な事象を引き起こすこととなる。

アンカーで補強された一般的な斜面・構造物等において想定される重大な事象とその要因及び関連性を整理すると図-解 2.4 のようになる。重大な事象と要因との関連性は，現場条件により異なることが考えられるため，各現場において図-解 2.4 を参考にしてそれぞれの関連を整理するのが望ましい。

2) アンカーの維持管理において確認できる異常・変状は，図-解 2.4 に示す各種要因が直接的に現象として現れることは少ない。維持管理段階で実際に確認できた異常・変状からアンカー内部及び斜面・構造物に生じている異常とその可能性を類推し，最終的に起こり得る事象とその影響を想定することにより，効果的な補強・補修等の対策を講じる必要がある。

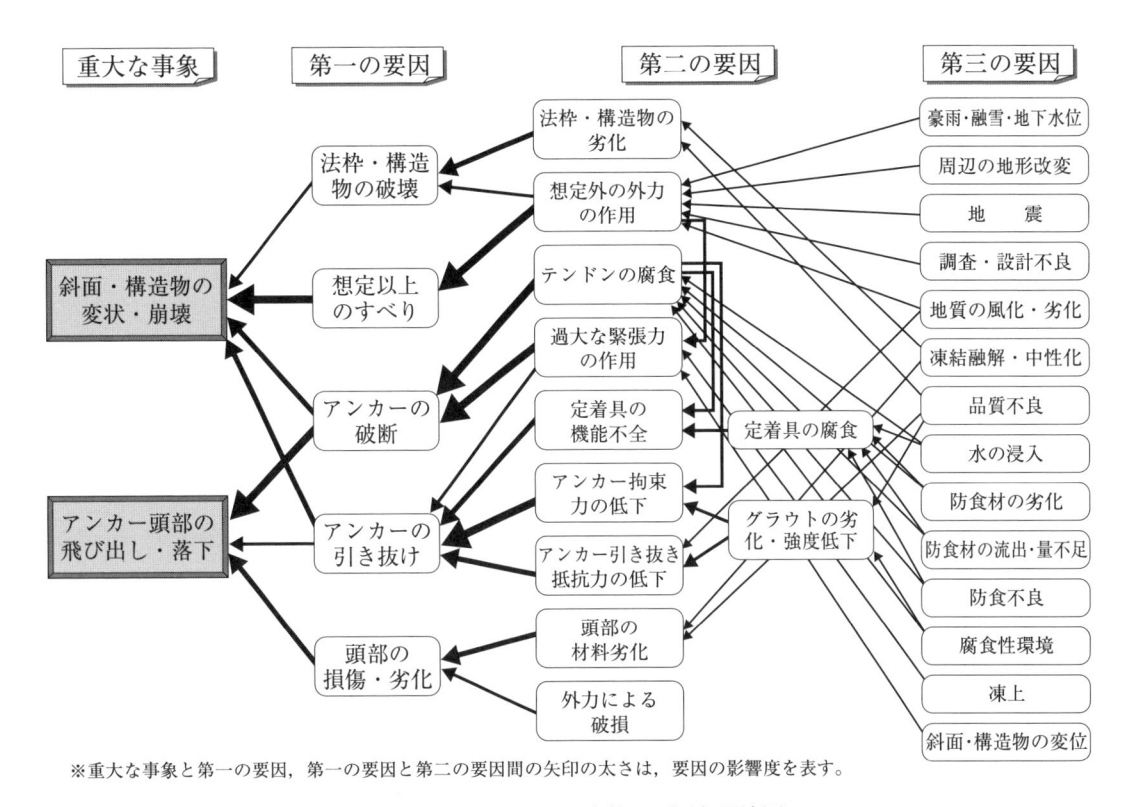

図-解 2.4 アンカーの変状の要因と関連図

※重大な事象と第一の要因、第一の要因と第二の要因間の矢印の太さは、要因の影響度を表す。

2.3 アンカーの維持管理

> 1) アンカーの維持管理は、基本的に供用期間中にアンカーの供用上必要なレベルの性能を維持するため、また可能な限りアンカーの供用期間をさらに延ばすために、本マニュアルの考え方に従い、点検、健全性調査、対策などの一連の維持管理を行うものとする。
> 2) 新たに施工する仮設用途以外のアンカーは、維持管理に必要なデータ・資料等を整備するとともに、これらのデータ等に基づき一連の維持管理を行うのが望ましい。
> 3) アンカーの維持管理は、点検、健全性調査、対策からなる。なお、維持管理に先立ち、維持管理に必要なデータ・資料等を整理するために、既存関係資料の収集や周辺条件の把握などの予備調査を行う。
> 4) アンカーの点検および健全性調査の頻度・数量は、アンカーの目的、重要度、周辺環境等を考慮し決定する。

1) アンカーは、これまで施工後に計画的に維持管理が行われることはほとんどなかった。しかしながら、2.1のような問題の発生を事前に防ぐため、また永久構造物としての機能を供用期間中にわたり維持するため、さらに更新時期を過ぎてもその機能を維持するために、原則として既設のすべてのアンカーに対して維持管理を行うものとした。なお、点検頻度や内

容・手法,健全性の評価,対策の方法等は,本マニュアルの考え方に従い,施設管理者が適切に設定することとなる。

2) 新たに施工するアンカーについては,将来の維持管理を効率的かつ効果的に実施するために,維持管理に必要なデータ,資料,図面等を整備し,維持管理において常に容易に利用可能な状態で保存するのが望ましい。維持管理に必要なデータ等の種類,様式は,巻末資料の維持管理用カルテの様式例を参照するとよい。また新設のアンカーは,本マニュアルの考え方に従い維持管理を行うのが望ましい。維持管理を開始する時期については,施設管理者により設定することになるが,対象となる施設が一般に供用される時期や,施設全体が管理体制に移行した時期など,維持管理体制が整った段階が目安となるであろう。また,アンカーの施工が複数年にわたる大規模な現場の場合には,施工完了済みの工区のアンカーに対して点検等を実施し,状況の変化を観察することが望ましい。

3) アンカーの維持管理の流れを図-解 2.5 に示す。

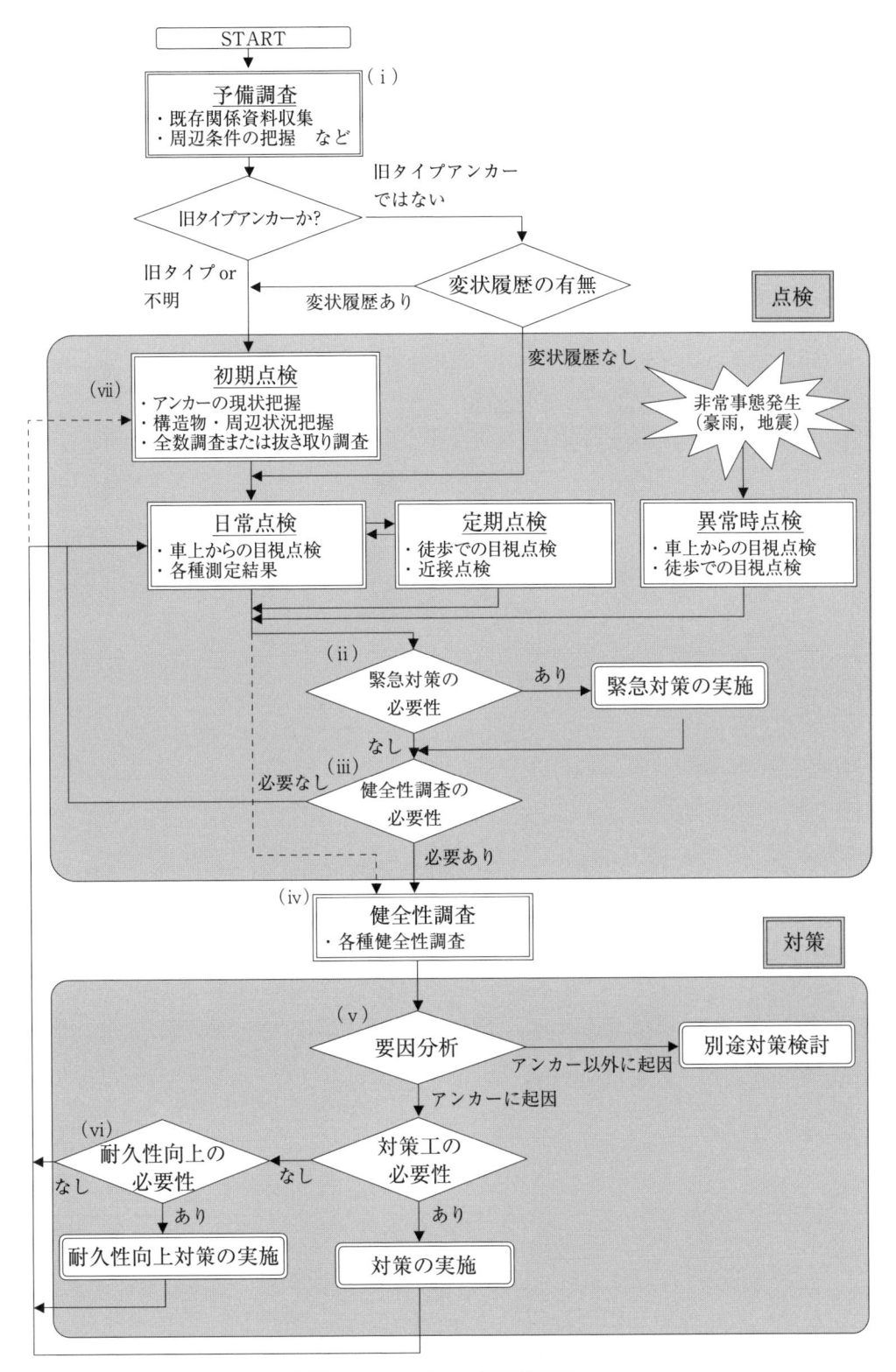

図-解 2.5 アンカーの維持管理のフロー

注）
　（ⅰ）予備調査
　　　アンカーの現地における点検・健全性調査に先立ち，既存の資料を対象とした予備調査を実施する。予備調査の目的は，維持管理に必要なデータ・情報を収集することであり，アンカー並びに斜面・構造物等の設計図書並びに維持管理に関する記録，周辺地形に関する資料等を調査対象とする。
　　　予備調査の結果，当該アンカーが「旧タイプアンカー」であることがわかった場合は，通常の点検に移行する前にアンカーの現状を把握するための初期点検を実施するものとする。
　　　旧タイプアンカーに該当しないアンカーにおいても，過去にアンカーや斜面・構造物等に変状が確認された履歴を有する場合には，初期点検を実施する。
　　　予備調査は，文献調査であり，原則として全数を対象とする。なお当該アンカーに関する既存の文献等が，資料の廃棄等の理由で確認できない場合は初期点検を実施する。
　（ⅱ）緊急対策の必要性
　　　異常が発見されたアンカーまたは斜面・構造物等が，人命や財産など第三者への被害を防ぐ観点から緊急に対策が必要と判断される場合には，ただちに緊急対策を行うものとする。
　　　緊急対策によって当面の安全性が確保された後に維持管理の次の段階に進むものとする。
　　　緊急対策の必要性の判定は，点検のみならず，維持管理のすべての段階において，何らかの異常が発見された場合に速やかに実施するものとする。
　（ⅲ）健全性調査の必要性
　　　日常点検や定期点検，また場合によっては異常時点検の結果から，健全性調査の必要性の判定を行う。健全性調査の必要性の判定は，**3.7 健全性調査の必要性の判定**により判断する。判定の結果，個々のアンカーについて，健全性に問題がある可能性が大きい場合には，詳細な健全性調査を行うものとする。点検結果に特に問題があると判定されなかった場合でも，斜面・構造物等に変状があり，アンカー以外に原因が見つからない場合には，健全性調査を実施し，斜面・構造物等の変状の原因を調査する場合もある。また，点検結果に特に問題があると判定されず，斜面・構造物等に変状がない場合でも，定期的に健全性調査を実施し，アンカーの状態を把握する場合もある。
　（ⅳ）健全性調査
　　　アンカーの健全性調査には，次に挙げるような手法がある。その詳細な内容・方法は第4章を参照する。
　・アンカー本体に関する各調査・試験
　　　① 事前調査
　　　事前調査は，アンカーの設置状態（アンカーの諸元，現場条件，周辺環境など）を調べるもので，健全性の調査・試験の計画に必要な資料を得るために行う。

② アンカー頭部詳細調査

アンカー頭部詳細調査は，アンカー頭部の異常の有無を確認し，健全性調査の必要性や実施の適用性を確認するために行う。

目視やハンマーによる打撃音などによる概略の点検によりアンカー頭部に異常が認められた場合や，変状の状況が不明な場合に実施する。

アンカー頭部詳細調査ではテンドンの破損・破断などの変状や定着具の腐食状態，腐食の要因である背面からの湧水状態，緊張力解除の可・不可判定のためのテンドンの余長，腐食に影響する防錆油の充填・変質状態などの確認を行う。

③ リフトオフ試験

リフトオフ試験は，残存引張り力を測定するために行う試験で，荷重—変位量特性からアンカーの見かけの自由長やアンカーの異常の有無を確認する目安にもなり，頭部背面調査，維持管理確認試験や再緊張の実施の適用性を判定する資料を得るために行う。

④ 頭部背面調査

緊張力を解除して頭部金具を取り外すことが可能なアンカーについて，テンドンの腐食状況，背面の防錆材の充填状況および変質の有無，防食構造の止水性や地下水の浸入状況などを調査して健全性評価の資料とする。

⑤ アンカー維持性能確認試験

維持性能確認試験は，残存引張り力を解除したアンカーで行い，荷重・変位量の関係からアンカー耐力やテンドンの引張り強度，テンドンの見かけの自由長などを確認し，健全性評価の資料とする。

⑥ 防錆油の試験

防錆油の試験は，アンカー頭部および頭部背面の防錆油の変質や劣化状態を調べる試験で，防錆材交換の必要性を検討するために行う。

⑦ モニタリング

荷重計（ロードセルなど）でモニタリングしたデータから残存引張り力の経時変化を解析し，アンカーの健全性の判定や今後の動向を予測して補足調査などの必要性や健全性を評価するための資料を得る。

⑧ 超音波探傷試験

超音波探傷試験は，超音波を引張り材に発振し，その反射を検知して引張り材の損傷状態を探傷する試験で，リフトオフ試験，アンカー維持性能確認試験や再緊張などを実施する際の安全性およびアンカー健全性を評価するための資料を収集するために行われる。

超音波探傷試験は緊張力解放前に行うが解放後に行うこともある。

・アンカー定着構造物および周辺環境などの調査

① 土質および地下水など腐食に関する調査

周辺の土質・地下水の化学的性状，地熱や迷走電流など，アンカーの健全性に問題が発生する可能性がある場合は，それらの調査を行う。

② アンカー定着構造物の調査

アンカー定着構造物の局部的変動，構造物の全体的変動や周辺地盤の挙動などを調査し，アンカーの対策を検討する資料を得るために調査を行う。

これらの調査によって個々のアンカーの健全性を詳細に把握することが可能であるが，抜き取り調査などを実施する場合は，健全性に問題があると判定されたアンカーの周辺のアンカーについても適宜追加調査を行ったり，場合によっては全数調査を行ったりするなどして，斜面・構造物等の全体の健全性を把握する必要がある。

また，健全性調査の結果，緊急に何らかの対策を行わないと第三者へ被害が及ぶ可能性がある場合には，対策等の検討に先立ち，緊急対策を実施しなければならない。対策等の検討およびその実施は，緊急対策実施後に第三者への被害の危険性が小さくなった段階で行うものとする。

(ⅴ) 対策工の必要性

健全性調査等によりアンカーの健全性に問題があると判断される場合は，対策を実施する。

対策の実施に当たっては，**5章　アンカーの対策工**を参考として適切な対策工を選定するものとする。

アンカー設置時には，供用期間を通じて必要とされる性能を確保すると考えられていたが，何らかの理由により，調査時点において，すでに供用上必要なレベル以下まで性能が低下しているアンカーや性能が低下する恐れのあるアンカーに対しては，何らかの対策を講じて，供用期間内での性能を確保する必要がある。また，調査時点では，供用期間内での性能を確保できると判断した場合でも，供用期間を延長する必要があるときなどは，何らかの措置を施すこともある。新たに対策を設計する場合には，当初設計時の条件にとらわれずに，現状の挙動を評価して適切な方法を選定する。

また，選定する対策は，アンカーの現状復旧にかかわらず，他の適切な工法との組み合わせも考慮する。

アンカーの健全性調査は，アンカー1本毎に健全性を評価するが，対策工を検討する際には，複数の共通な要因がある場合や，アンカーされる構造物が劣化した場合でも群としてアンカーの対策工を検討する必要がある。さらに，その対策工はアンカー以外の方法を検討することもある。

① 斜面全体に問題がある場合には，まずその原因を除去する
② 対策の実施範囲の検討（同一の原因がどの程度の範囲に影響しているかを検討）
③ 個々のアンカーの対策

アンカー単体についての個々の対策工については第5章を参照。

すでに供用期間の過ぎたアンカーについては，危険防止のため，被覆，緊張力解放などの対策を講じる必要がある。

(ⅵ) 耐久性向上の必要性

健全性調査の結果，現段階において対策を必要としない場合でも，将来的にアンカーの耐久性に問題が生じる可能性が考えられる場合，アンカーの耐久性を維持向上させる

ために必要な対策を行う。
（vii）点検，健全性調査の結果，健全性に問題があると判定され，対策を講じたアンカーは，必要に応じて初期点検を行い，各アンカーの状態を把握して記録に残した後，点検等の維持管理を継続する。

4）アンカーの維持管理において点検を実施する場合には，その頻度を事前に計画し，定期的かつ計画的に行う必要がある。

アンカーの点検の頻度は各施設管理者によって設定することになり，その考え方を第3章に示している。また，健全性調査も図-解2.5に示すように，点検結果に基づき健全性に問題がある可能性が大きい場合に実施され，一律にその頻度を設定することは難しい。

頻度について，地盤工学会基準には明確な規定はないが，近接しての目視による点検については，1～2年に1回の定期点検，近接して行う詳細な点検については，3～5年に1回の定期点検において実施するという例を示している。諸外国の文献類においても，アンカーに近接しての点検（定期点検の一部）や健全性調査の頻度を規定して定期的に実施している場合が多く，これらをまとめると表-解2.1のとおりとなる。

また，G.S.Littlejohnは，海外の諸文献を調査した上で点検頻度に関する独自の提案を行っており，表にはこれも併記した。

表-解2.1 各種文献類における点検調査の頻度（例）

出典	項目	頻度
地盤工学会[1]	近接目視点検	1～2年に1回の頻度
	近接詳細点検	3～5年に1回の頻度
FIP[2],[3]	腐食による変状検出	○印で示す間隔，5年以内の間隔で実施
	地盤の変動検出	初期には3～6ヵ月間隔，その後は結果に応じて長い期間で実施
Post-Tensioning Institute(PTI)[4]		初期には1～3ヵ月間隔，その後は結果に応じて2年以内の間隔
英国基準(BS)[5]	腐食による変状検出	○印で示す間隔，5年以内の間隔で実施
	地盤の変動検出	初期には3～6ヵ月間隔，その後は結果に応じて長い期間で実施
豪州ニューサウスウェールズ州道路交通庁[6]		6ヵ月間隔で実施
Prof. Littlejohn[7]		1年間隔で実施

（時間軸：施工完了／1週間／2週間／1ヵ月／3ヵ月／6ヵ月／9ヵ月／1年／1.5年／2年／2.5年／3年／5年／10年／供用期間終了）

注：1)「地盤工学会基準 グラウンドアンカー設計・施工基準，同解説（JGS4101-2000）」（（社）地盤工学会，2000年3月）解説表-9.1に例示
2) FIP（Federation Internationale de la Precontrainte）現在はFIB（Federation Internationale du Beton）
3) "Design and construction of prestressed ground anchorages"（Federation Internationale de la Precontrainte Recommendations, 1996）
4) "Recommendations for Prestressed Rock and Soil Anchors"（PTI, 1996）
5) "Code of Practice for Ground Anchorages"（British Standard, BS8081, 1989）
6) "Permanent Rock Anchors"（Roads and Traffic Authority, New South Wales, Australia, QA Specification, QA DCM B114：1997）
7) "Permanent Ground Anchorages, Review of maintenance testing, service monitoring and associated field practice"（Prof. G. S. Littlejohn：2005）

これらを参考に，本マニュアルにおいては，アンカーの点検や健全性調査を定期的に行う場合の頻度の目安について，表-解 2.2 を提案することとした。これはあくまで目安値であり，アンカーの目的，重要度，周辺環境等を考慮し，現場条件に応じて適切に設定する必要がある。

表-解 2.2　点検調査の頻度の目安

定期点検	施工完了後3年まで：　年1回	3年以後：　3～5年に1回 特に重要度の高いもの：　年1回 旧タイプアンカー：　年1回
健全性調査	施工完了後　5年以内に1回 特に重要度の高いもの：　2～3年に1回	

健全性調査のうち，リフトオフ試験は現地にジャッキなどの試験用機械や資材を持ち込む必要があるので，頻繁に実施することは容易ではない。リフトオフ試験によってテンドンの残存引張り力を測定するのは，荷重計が設置されていない場合，荷重計の観測結果からさらに多くのテンドンの残存引張り力の測定が必要になった場合である。もちろん，定期的に実施することは可能であり，特に重要な構造物周辺で使用されている場合で，2～3年毎にリフトオフ試験が実施され，その結果によって再緊張が行われたという実績もある。

表-解 2.3　各種文献類における点検調査の本数（例）

		点検調査本数（％）
地盤工学会[1]	50本以下	10%
	51～100本未満	7%
	100本以上	5%
FIP[2),3)]	100本未満	10%かつ3本以上
	100本以上	5%
Post-Tensioning Institute（PTI）[4]		3～10%
英国基準（BS）[5]	100本未満	10%かつ3本以上
	100本以上	5%
豪州 NSW州[6]	荷重計設置	2%
	監視対象	10%
Prof. Littlejohn[7]	50本以下	10%
	51～500本以下	7%
	500本以上	5%

注：1)「地盤工学会基準　グラウンドアンカー設計・施工基準，同解説（JGS4101-2000）」（（社）地盤工学会，2000年3月）解説表—9.2に例示
2) FIP（Federation Internationale de la Precontrainte）現在はFIB（Federation Internationale du Beton）
3) "Design and construction of prestressed ground anchorages"（FIP, 1996）
4) "Recommendations for Prestressed Rock and Soil Anchors"（PTI, 1996）
5) "Code of Practice for Ground Anchorages"（British Standard, BS8081, 1989）
6) "Permanent Rock Anchors"（Roads and Traffic Authority, New South Wales, Australia, QA Specification, QA DCM B114：1997）
7) "Permanent Ground Anchorages, Review of maintenance testing, service monitoring and associated field practice"（Prof. G. S. Littlejohn：2005）

アンカーの点検は原則としてすべてのアンカーを対象とし，健全性調査は問題のある可能性のあるすべてのアンカーを対象に実施する。しかし，点検や健全性調査を行う場合には，点検調査を行う代表的なアンカーを抽出して実施する場合がある。我が国および諸外国の文献類における点検調査を行うアンカー本数をまとめると表-解 2.3 のとおりとなる。

これらを参考に，本マニュアルでの点検調査本数の目安をまとめると表-解 2.4 のとおりである。調査を行うアンカーは，アンカー全体および斜面・構造物全体の状況をある程度把握できる配置を考慮し選定する必要がある。

表-解 2.4 本マニュアルでの点検調査の本数の目安

点検調査		本数の目安
初期点検		該当するアンカーは全数
定期点検 （近接点検）	目視	目視
	打音検査等の接触して行う検査	10%かつ3本以上
健全性調査	頭部詳細調査（頭部露出調査）	20%かつ5本以上
	リフトオフ試験	10%かつ3本以上
	頭部背面調査	5%かつ3本以上
	維持性能確認試験	5%かつ3本以上
	残存引張り力のモニタリング （荷重計設置）	10%かつ3本以上

2.4 記録の保存

> 1) アンカーの各段階における記録は，維持管理の段階で利用が容易なように整理し，保存することが望ましい。
> 2) 記録は可能な限り電子データで整理・保存するのが望ましい

1) 予備調査において収集したデータ・資料等は，維持管理段階における利用しやすいような形で整理する必要がある。整理に当たっては，可能な限り統一的な様式で整理するのが望ましく，巻末資料に提案する様式（維持管理用カルテ）を用いて整理すると，点検・管理すべき項目が明らかになるとともに，複数の現場を管理する際に共通の視点で管理ができ，異常時の発見や健全性評価の際に客観的な判断を行いやすい。

維持管理段階における記録の全体構成を図-解 2.6 に示す。

記録する項目・内容等は，本マニュアルの各章を参照し，様式の例を巻末に記載する。アンカーの記録の作成に当たっては，わかりやすくアンカーに番号を付けて維持管理を行い，データを管理するとよい。アンカーの番号付けの方法について巻末に記載する。

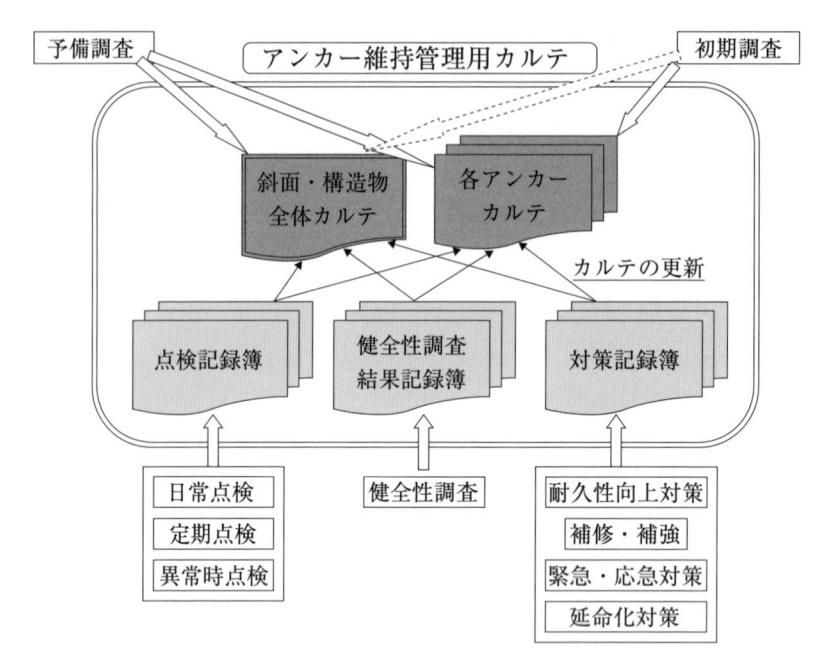

図-解 2.6 維持管理記録の構成

① 日常点検，緊急点検については全数調査が基本であることから，異常が確認された場合にのみ記録を残せばよいが，定期点検結果は異常の有無にかかわらず，毎回点検結果を記録しなければならない。この場合，写真も記録として残すのが望ましい。
② 健全性調査の結果は調査報告書または調査記録簿として記載し，地盤調査結果，設計図書，施工計画，材料品質記録，削孔記録，注入記録，緊張時試験記録，定着時緊張力および点検記録簿などと併せて保存しなければならない。記録の保存期間はアンカーの供用期間とする。記録の保存場所はアンカーされる構造物の所有者または管理者とする。
③ 各種対策の実施内容は，対策記録簿として記録し，保存しなければならない。
　補修・補強の実施内容として，特に仕様，実施の方法，使用材料，および実施前後の写真を記録として残し，点検記録や健全性調査記録とともに保存する。
2) 調査結果は，以降の長期間にわたるデータの保存，更新を行いやすくするために，可能な限り電子データの形で保存するのが望ましい。また，データの保存に当たっては，予期せぬデータの消滅等に備え，必ずバックアップを取る必要がある。
3) 効率的な維持管理のためには，アンカーの調査計画から設計，施工を経て供用に至るライフサイクルを通じて各種の記録を一貫して管理し，活用することが望ましい。そのためには，さまざまな段階におけるアンカーに関する情報を記録するための様式が必要である。本マニュアルでは，維持管理用カルテの様式を，本マニュアルの巻末に参考資料として記載している。これらの統一的な様式を用いると，各現場での調査結果の比較が容易となるため，使用するのが望ましい。しかし，各現場に応じて，適宜記録簿の様式を作成し，記録して残してもよい。

第3章　アンカーの点検

3.1　点検の流れ

> 1）アンカーの点検は，日常点検，定期点検，異常時点検からなる。
> 2）予備調査結果に基づき，健全性の問題が潜在化している可能性のあるアンカーや斜面・構造物は，点検に先立ち，初期点検を行うものとする。
> 3）初期点検の結果や構造物の重要度，変状時の影響等を考慮し，点検の頻度，範囲，方法等の点検計画をあらかじめ定める。
> 4）平常時は，適切な頻度で日常点検および定期点検を行うものとする。
> 5）豪雨または大地震等の異常時には，異常時点検を行うものとする。
> 6）点検結果は，点検記録を作成し，保存するものとする。

アンカーの点検の流れを図-解 2.5 に示した。

1）図-解 2.5 で示したように，本マニュアルでは，初期点検から日常点検，定期点検，異常時点検，点検記録の作成および点検結果に基づく健全性調査の必要性の判定までをアンカーの点検としている。

2）予備調査の結果に基づき，健全性の問題が潜在化していると考えられるアンカーについて，個々のアンカーの点検前の状態を把握するために，点検に先立ち初期点検を実施するものとした。ここではすべての旧タイプアンカーおよび変状履歴のあるアンカーを初期点検の対象アンカーとした。初期点検の結果，**3.7 健全性調査の必要性の判定**に基づき，健全性に問題がある可能性が大きいと判断される場合には，健全性調査により詳細な調査を行い健全性の評価を行う。健全性調査や必要な対策を実施した後には，点検計画を作成し点検を行う。

3）アンカーの点検の実施に当たり，あらかじめ点検の頻度，体制，点検の範囲および方法等について点検計画を作成し，効率的に点検を行う。

　計画の作成に当たっては，初期点検によるアンカーや斜面・構造物等の状態に対する危険度，斜面・構造物等および施設の重要度や，もし変状が発生した場合の影響度などを考慮し，危険度が高く，変状発生時の影響が大きいと想定される場合には，点検の頻度を密にするなどの対応を行うとよい。また，初期点検結果に基づき点検の際のアンカーの優先度を区分し，健全性に問題があると考えられるアンカーに対しては優先的に点検を行うなどの対応も考慮することが望ましい。

計画の作成に当たっては，点検において異常が発生した場合の対応策（連絡体制，応急対策，対応体制など）なども盛り込んでおくとよい。

4) 日常点検は，施設の通常の巡回時に施設管理者により実施されることを想定している。一般国道の場合には，原則として1日1回は通常巡回が行われていると考えられる。

定期点検は，日常点検よりも詳細な点検を実施するものであり，重要な斜面・構造物等の場合には，必要に応じて専門技術者による点検も考慮することが望ましい。後述するように，定期点検には徒歩により目視で行う点検と打音検査等のようにアンカーに接触して行う点検があるが，目視による定期点検の頻度は，斜面・構造物等，施設の重要度，緊急度等により決定されるが，一般的なアンカーの場合には，半年～1年に1回程度実施するものとする。定期点検の時期としては，梅雨期の前，台風シーズンの後，融雪後など，アンカーや斜面・構造物等の安定性に影響を与える時期の前後が適切である。また，近接点検による定期点検の場合には，**表-解 2.2** の頻度や**表-解 2.4** の調査本数を目安として実施するとよい。

5) 豪雨や大地震などの異常時には，異常時点検を実施するものとする。異常時点検を行うかどうかの判断基準は，事前に決定しておく。

豪雨時は，降雨中ばかりでなく，降雨後に地下水位が上昇し，斜面全体が不安定となり変状を生じる場合がある。このため，降雨中のみならず，降雨がやんだ後も留意して点検を行う。

アンカー定着斜面は，一般には耐震性が高く，降雨等に対する安定性も高いといわれている。しかし，テンドンの腐食などにより，テンドンの引張り強さに余力が無い場合には，地震による負荷荷重や降雨によるすべり荷重の増加によりテンドンが破断する可能性も考えられる。このため，耐久性に問題があるアンカーに対しては，地震後や豪雨後にも留意して点検を行う必要がある。

6) 点検結果の記録方法については，**3.6 点検記録**に示す。

3.2 初期点検

> 1) 原則としてすべての旧タイプアンカーおよび変状履歴のあるアンカーや斜面・構造物等は，点検に先立ち，初期点検を行うものとする。
> 2) 初期点検では，アンカーおよび斜面・構造物等の諸元，アンカーおよび頭部の状態，受圧板の状態，斜面や構造物の状態について調査を行う。
> 3) 初期点検は，対象とするアンカー全数について調査するのが望ましい。
> 4) 初期点検の結果，健全性に問題がある可能性が大きいと判断される場合には，健全性調査により詳細な調査を行い，健全性評価を行わなければならない。
> 5) 調査結果は，調査台帳に記録・保存し，点検において利用するものとする。

1) 健全性の問題が潜在化している可能性のあるアンカーとして，旧タイプアンカーおよび変状履歴のあるアンカーや斜面・構造物等を対象とした。

特に，鋼棒タイプアンカーは，テンドンの腐食による破断時に一瞬にして緊張力が解放されることから，頭部および破断した自由長部のアンカーが瞬間的に飛び出し，場合によっては数十メートル先まで達することがある。このようなことから，鋼棒タイプの旧タイプアンカーは，テンドンの腐食によるテンドンの破断時の危険性が高いと考えられることから，特に留意して初期点検を行うのが望ましい。また，鋼より線タイプアンカーでも地山の変状により鋼より線に過大な荷重が作用し，瞬間的にすべてのより線が破断しアンカーが飛び出した事例もあることから，地山や構造物等の変状にも留意が必要である。

また，旧タイプアンカーに該当しないアンカーにおいても，過去にアンカーや斜面・構造物等，周辺地山に変状が確認された履歴がある場合には，アンカーの健全性や機能に問題がある可能性があると考えられるため，初期点検を行うこととした。なお，初期点検を行う判定基準としては，**3.7 健全性調査の必要性の判定**により，表-解 3.6 においてⅠ，Ⅱ，Ⅲと評価される変状を目安とするとよい。

上記の条件に該当しないアンカーは，初期点検は行わないが，一連のアンカーの点検は実施するものとする。

旧タイプアンカーの判定は，以下の①〜④の方法が考えられる。

① **アンカーの構造からの判定**

予備調査により，アンカーの構造や諸元，材料が明確な場合には，これらの情報から二重防食などの確実な防食対策が行われているかどうか判定できる。

確実な防食対策が行われていない旧タイプアンカーの例としては，図-解 3.1 のような構造が考えられる。

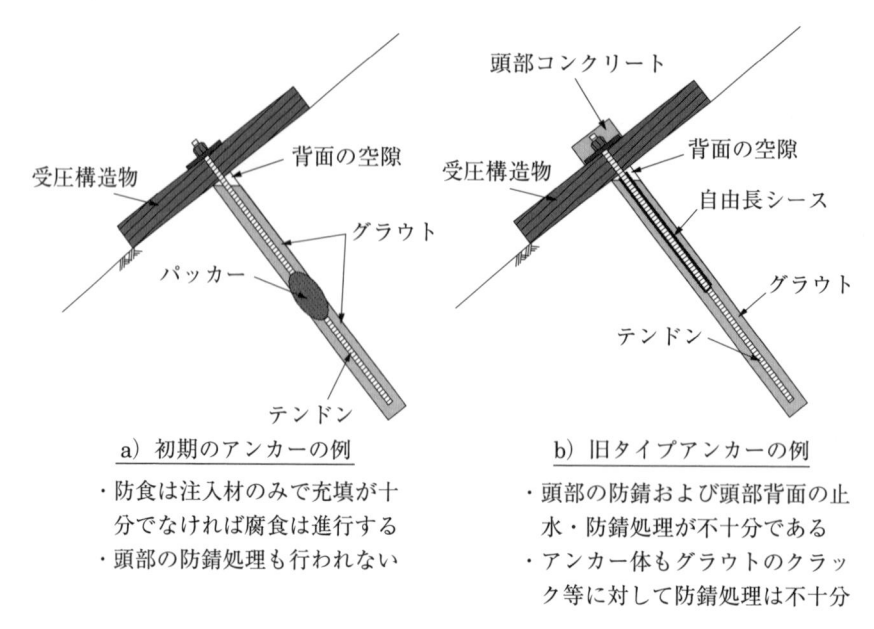

a) 初期のアンカーの例
- 防食は注入材のみで充填が十分でなければ腐食は進行する
- 頭部の防錆処理も行われない

b) 旧タイプアンカーの例
- 頭部の防錆および頭部背面の止水・防錆処理が不十分である
- アンカー体もグラウトのクラック等に対して防錆処理は不十分

図-解 3.1　旧タイプアンカーの構造の例

② **設計・施工年からの判定**

1988 年 11 月制定の学会基準以降，二重防食が義務付けられたが，実際の現場での運用は 1990 年 2 月の「土質工学会基準−グラウンドアンカー設計・施工基準，同解説」の発刊以降と考えられる。

このため，1990 年より前に施工されたアンカーは，旧タイプアンカーである可能性が高いと考えられる。また，1990 年以降の施工でも，工法選定や設計は 1990 年よりも前に完了済みのものもあると考えられ，場合によっては，1992 〜 1993 年頃まで施工されたアンカーは旧タイプアンカーの可能性がある。

③ **工法名からの判定**

アンカーの工法によっては，開発段階からすでに二重防食対策を施した構造のアンカーもあることから，これらのアンカーは旧タイプアンカーである可能性は低いと考えられる。アンカーの工法の中では，公的機関において技術審査証明を取得しているものもあり，審査段階で耐久性について審査しているものが多い。このため，技術審査証明を取得している工法で，証明取得以降に施工されているものは，旧タイプアンカーの可能性は低いといえる。表−解 3.1 に公的機関で技術審査証明を取得したアンカーの工法の一覧を参考までに示す。

表-解 3.1 技術審査証明取得工法一覧

工　法　名	審　査　機　関	取得年月
VSL 永久アンカー（SP 型）	（財）砂防・地すべり技術センター	1992 年 2 月
SSL 永久アンカー（P 型，M 型）	（財）砂防・地すべり技術センター	1994 年 1 月
EGS アンカー	（財）砂防・地すべり技術センター	1994 年 1 月
SEEE 永久グラウンドアンカー（TA 型）	（財）砂防・地すべり技術センター	1994 年 8 月
フロテックアンカー	（財）土木研究センター	1995 年 12 月
KTB 永久アンカー（分散型）	（財）砂防・地すべり技術センター	1996 年 6 月
SHS 永久アンカー	（財）砂防・地すべり技術センター	1997 年 4 月
KTB 引張型 SC アンカー	（財）土木研究センター	1998 年 6 月
SuperMC アンカー（荷重分散型）	（財）砂防・地すべり技術センター	1998 年 7 月
SEEE 永久グラウンドアンカー（UA 型）	（財）砂防・地すべり技術センター	1999 年 8 月
スーパーフロテックアンカー	（財）土木研究センター	2000 年 2 月
OPC アンカー（永久）	（財）土木研究センター	2000 年 11 月
KTB 応力拘束型 Cms アンカー	（財）土木研究センター	2000 年 12 月
EHD 永久アンカー	（財）土木研究センター	2001 年 3 月
SSL 永久アンカー（CE 型）	（財）砂防・地すべり技術センター	2002 年 9 月
OPS アンカー（永久）	（財）土木研究センター	2004 年 2 月
SEEE 永久グラウンドアンカー（A 型，U 型，M 型）	（財）砂防・地すべり技術センター	2004 年 8 月
RSI グラウンドアンカー	（財）土木研究センター	2006 年 3 月
（連　続　繊　維）		
NM グラウンドアンカー	（財）土木研究センター	1994 年 3 月
CFRP グラウンドアンカー	（財）土木研究センター	1994 年 3 月
アラミド FRP グラウンドアンカー	（財）土木研究センター	1994 年 3 月

④ 外観からの判定

図-解 3.2 のように,初期のアンカーでは頭部の保護が行われず,アンカー頭部がむき出しになっている構造も多く見られた。図-解 3.3 のようにアンカー頭部がコンクリートで被覆された構造は,旧タイプアンカーにおいて多く使用されている。また,アンカー頭部の被覆として頭部キャップを用いることが多いが,最近のものは内部の防錆油の充填を確実に行えるようにエア抜きが設置されていることが多い(図-解 1.8 参照)。

さらに,初期に施工されたアンカーにしばしば用いられる特徴的な頭部構造(図-解 3.4 参照)があり,このような頭部構造を持つアンカーは旧タイプアンカーである可能性が高い。

なお,上記方法でも旧タイプアンカーとの判断ができない場合には,以後の点検を効果的に行うために初期点検を実施するのが望ましい。

図-解 3.2 頭部保護のないアンカー(例)

図-解 3.3 頭部コンクリートによる保護(例)

図-解 3.4 初期施工アンカーの特徴的な頭部構造（例）

2) 初期点検は，アンカーの点検に先立ち，現在のアンカーの状態を把握することが目的であることから，全数の調査を行うことを原則とする。しかしながら，現場条件によっては，アンカーに近接して調査を行うことが困難な場合，また対象とするアンカーの本数が多く，時間的，予算的な制約等から一度に全数の調査を行うのが難しい場合には，抜き取り調査，あるいは部分的な調査を行ってもよいこととする。この場合には，少なくとも 20 ％以上かつ 10 本以上（アンカー本数が 10 本以下の場合には全数）の本数の調査を行うものとする。

3) 初期点検の調査項目を**表-解 3.2** に示す。点検方法は，主に目視や打音によりアンカーに近接して行うものとするが，現場条件によってアンカーに近接して調査を行うのが困難な場合には，望遠鏡等を利用し，可能な限り表中の多くの項目について調査を行うものとする。
　初期点検は，施設管理者自らが実施することも可能と考えるが，必要に応じて専門技術者に調査実施や調査結果の判断を依頼することも考慮するのが望ましい。
　初期点検結果によるアンカーの健全性の判断は，**3.7 健全性調査の必要性の判定**による。

4) 点検の結果，異常が認められる場合には，**3.7 健全性調査の必要性の判定**に基づき判定を行い，健全性に問題がある可能性が大きいと判断される場合には，健全性調査により詳細な調査を行い健全性の判定を行わなければならない。また，設計・施工資料によりアンカーの構造がアンカーの健全性に影響を及ぼす可能性が高いと判断される場合には，初期点検による外観上の異常が確認できなくても，点検に先立ち健全性調査を行い内部の状態を把握することが望ましい。

5) 初期点検の結果は，引き続き実施するアンカーの点検に利用するため速やかに調査台帳に記録しなければならない。なお，調査結果の記録方法は，**3.6 点検記録**に記す。

表-解 3.2　初期点検項目と方法

項　目		主な事項	調査方法	調査項目[注]	備　考
アンカーおよび斜面・構造物の諸元	斜面形状・寸法	法面勾配，高さ，平面形状，斜面の方角など	測量，スラントルールによる計測，歩測，スケッチなど	◎	設計資料がない場合，または設計図面との整合性
	構造物形状・寸法	種類，高さ，平面形状など	測量，歩測，スケッチなど	◎	
	受圧構造物の形状・寸法	種類，構造，寸法など	目視，測量，スケッチなど	◎	
	アンカーの配置	打設間隔，打設本数，打設角度など	測量，スラントルールによる計測，歩測，スケッチなど	◎	
	頭部保護	種類，構造，寸法など	目視，採寸，スケッチ，写真など	◎	
	アンカーの工法	工法名	目視など	○	
アンカーの状況	アンカーの飛び出し	アンカーの飛び出しの有無	目視，頭部の浮き量計測など	◎	目視にて確認
アンカー頭部の状況	頭部コンクリート	浮き上がり・剥離	目視，頭部の浮き量計測など	○	部分的な浮きか，全面的な浮きかも
		破損・落下	目視，維持管理記録など	◎	
		劣化・クラック	目視，クラック幅の計測など	○	
		遊離石灰	目視	○	受圧板との間か防護コンクリートからかも
		湧水の有無	目視	○	防護コンクリートと受圧板との間からの湧水の有無
		補修の有無	目視，維持管理記録など	○	
	頭部キャップ	破損・変形・落下	目視	◎	
		材料劣化	目視，打音など	○	
		固定方法・固定状況	目視	○	支圧板に確実に固定される構造か，ボルトの欠損の有無
		湧水の有無	目視	○	
		補修の有無	目視，維持管理記録など	○	
	防錆油	油漏れ	目視	◎	頭部キャップ周辺の汚れの有無
	支圧板	浮き	目視，打音など	○	部分的な浮きか，全面的な浮きか
		湧水の有無	目視	○	支圧板と受圧板との間からの湧水
受圧板・受圧構造物	変形・沈下	目地の開き，ずれなど	目視，測量，スケッチなど	○	
	コンクリート劣化		目視	○	
	遊離石灰		目視	○	
	破損・落下		目視，維持管理記録など	◎	
	亀裂・クラック		目視，クラック幅の計測など	○	
	背面地山からの浮き		目視，浮き量計測など	○	
	補修の有無		目視，維持管理記録など	○	
その他	湧水	湧水量，湧水個所など	目視，湧水量計測，スケッチなど	○	
	周辺状況	地中迷走電流の可能性など	周辺の調査など	○	
	地山全体の変状	変位量，沈下量，天端・犬走り上のクラックなど	目視，測量，スケッチ，傾斜計・伸縮計等の計測，クラック幅の計測など	◎	変状計測データがあればそのデータを整理
	周辺構造物の変状	沈下，変位など		◎	

注）調査項目の欄において，「◎」は以降の点検・健全度調査において不可欠な項目，「○」は必要であるが近接調査ができない場合には調査困難と思われる項目

3.3 日常点検

> 1) 日常点検は，原則としてすべてのアンカーを対象に行うものとする。
> 2) 日常点検は，原則として目視により，アンカーおよびアンカー頭部，受圧構造物の状態について異常の有無の確認を行う。
> 3) 日常点検の点検頻度は，管理施設の通常巡回の頻度を考慮し，適切に設定するものとする。
> 4) 日常点検において，アンカーおよび斜面・構造物等に異常が発見された場合には健全性調査の必要性の判定を行い，健全性に問題がある場合には，斜面・構造物等の安定性・重要度，第三者への被害の可能性などを考慮し，緊急対策の必要性について検討するものとする。また，健全性調査を行い補修・補強の必要性について検討するものとする。
> 5) 点検結果は，点検記録を作成するのが望ましい。

1) 日常点検は，初期点検の実施の有無にかかわらず，またアンカーの種類にかかわらず，管理するすべてのアンカーに対して行うことを原則とした。ただし，日常点検は主に目視による点検となるため，場合によっては目視により確認できない場合もある。この場合には，目視で確認できる範囲において日常点検を行い，日常点検で確認できないアンカーについては，定期点検にて異常の有無を確認する必要がある。

2) 日常点検の項目を表-解 3.3 に示す。日常点検は，施設管理者により通常の施設巡回時に併せて実施されることを想定しており，目視により可能な項目を点検項目としている。点検の内容も異常の有無の確認が主体である。また，目視による点検の他に，アンカーの緊張力や斜面・構造物の変状を継続的に計測している場合には，計測データを確認し，異常の有無の確認を行うのが望ましい。

表-解 3.3 日常点検項目

項目		主な事項	必要度	備考
アンカーの状況	アンカーの飛び出し	アンカーの飛び出しの有無	◎	目視にて確認
	アンカー緊張力		△	荷重計等により計測中の場合
アンカー頭部の状況	頭部コンクリートの状況	破損・落下	◎	
	頭部キャップ	破損・変形・落下	◎	
受圧構造物	破損・落下		◎	
その他	地山全体の変状	変位量，沈下量など	△	計測器等により計測中の場合
	周辺構造物の変状	沈下，変位など	△	

注) 必要度の欄において，「◎」は健全度判定において不可欠な項目，「△」は計測器等により計測中の場合に点検可能な項目

3) 日常点検は，施設の通常巡回の頻度で行うことが望ましい。一般国道の場合には，通常 1 日 1 回の通常巡回が行われており，日常点検もこれに併せて行われると考えられる。しかし，道路の通常巡回の場合には，一般に車上からの点検となるため，車上から確認できる範囲が点検の対象となる。このため，車上から確認できない範囲（路面より下の斜面・構造物，植生等により被覆されたアンカーなど）については，別途日常点検を計画するか，定期点検において確認をする必要がある。

4) 日常点検において異常が確認された場合には定期点検に準じた近接点検等を行って健全性調査の必要性の判定を行い，健全性に問題がある場合にはその危険度，第三者への被害の可能性を考慮し，速やかに緊急対策の必要性を検討し，必要な場合には適切な対策を実施する。また，健全性調査の実施を計画し，より詳細にアンカーおよび斜面・構造物等の健全性について調査を行い，補修・補強等，適切な対策を実施する必要がある。

5) 日常点検において，異常が確認された場合には，その状況，確認された日時等を正確に記録しなければならない。
点検結果の記録方法については，**3.6 点検記録**に記す。

3.4 定期点検

1) より詳細な点検を行うために，適切な頻度で定期点検を行うものとする。
2) 定期点検は，原則として目視により行うが，近接することが可能な場合には，打音，計測などにより詳細な点検を行うのが望ましい。
3) 定期点検は，目視による点検の場合には，原則としてアンカー全数を対象に点検を行うものとする。
4) 定期点検の結果に基づき，アンカーおよび斜面・構造物等の健全性の判定を行い，健全性に問題がある場合には，斜面・構造物等の安定性・重要度，第三者への被害の可能性などを考慮し，緊急対策の必要性について検討するものとする。また，健全性調査を行い補修・補強の必要性について検討するものとする。
5) 定期点検の結果は，点検記録を作成するものとする。

1) 外観よりアンカーおよび斜面・構造物等の健全性を評価するために，定期的に適切な頻度で定期点検を実施し，より詳細な点検を行うものとする。定期点検は，施設管理者により実施可能と考えられるが，必要に応じて専門技術者による点検も考慮するのが望ましい。
定期点検の頻度は，一般的なアンカーを対象に徒歩による目視点検の場合には，半年～1年に 1 回程度実施するのが望ましい。また，近接しての調査を行う場合には，**表-解 2.2**の頻度を目安として実施するのが望ましい。この他にも，日常点検や異常時点検によって異常が見つかった場合等にも臨時に定期点検に準じた内容の点検を行う。

2) 定期点検の点検項目を**表-解 3.4** に示す。日常点検は，一般に車上からの目視点検を想定しているが，定期点検は徒歩により目視によって詳細な点検を行うことを想定しており，点検の目的も外観からの健全性を評価するために必要なデータを収集することである。また，アンカーへの近接調査が可能な場合には，より詳細な項目について，目視以外に打音や寸法計測などにより調査を行う必要がある。また，場合によっては，同一の方向から写真撮影をし，以前の定期点検時の結果との比較を行うことにより状況の変化を適切に把握できる場合もある。

　また，積雪地においては，積雪荷重により，また除雪時の機械により頭部保護キャップを破損・変形する場合がある。このため，このような地域では融雪後の定期点検の際には注意して点検を行う必要がある。

3) 定期点検を目視により実施する場合には，全数のアンカーについて点検を行う。

4) 定期点検の結果に基づき，外観によるアンカーおよび斜面・構造物等の健全性調査の必要性の判定を行う。健全性調査の必要性の判定の考え方は，**3.7 健全性調査の必要性の判定**に記す。定期点検の結果，健全性に問題があると判定された場合，また定期点検中に明らかに異常が確認された場合には，危険度や第三者への被害の可能性を考慮し，緊急対策の必要性を検討し，必要な場合には適切な対策を行う必要がある。また，引き続き健全性調査の実施を計画し，より詳細にアンカーおよび斜面・構造物等の健全性について調査を行い，補修・補強等，適切な対策を実施する必要がある。

5) 定期点検結果の記録方法は，**3.6 点検記録**に記す。

表-解 3.4　定期点検項目と点検方法

項目		主な事項	点検方法	必要度	備考
アンカーの状況	アンカーの飛び出し	アンカーの飛び出しの有無	目視	◎	
	アンカー緊張力		荷重計の計測データ	△	荷重計等により計測の場合
アンカー頭部の状況	頭部コンクリートの状況	浮き上がり・剥離	目視, 浮き量の計測, 打音など	○	部分的な浮きか, 全面的な浮きか
		破損・落下	目視	◎	
		劣化・クラック	目視, クラック幅の計測など	△	
		遊離石灰	目視	○	受圧板との間か頭部コンクリートからか
		湧水の有無	目視	△	頭部コンクリートと受圧板との間からの湧水の有無
	頭部キャップ	破損・変形・落下	目視	◎	
		材料劣化	目視	△	
		固定方法・固定状況	目視	△	支圧板に確実に固定される構造かボルトの欠損の有無
		シール部劣化	目視	△	
		湧水の有無	目視	△	
	防錆油	油漏れ	目視	○	
	支圧板	浮き	目視, 打音など		部分的な浮きか, 全面的な浮きか
		湧水の有無	目視	△	支圧板と受圧板との間からの湧水
受圧板・受圧構造物	変形・沈下	目地の開き, ずれなど	目視, ずれ量の計測, スケッチなど	○	
	コンクリート劣化		目視	△	
	遊離石灰		目視	○	
	破損・落下		目視	◎	
	亀裂・クラック		目視, クラック幅の計測など	△	
	背面地山からの浮き		目視, 浮き量の計測など	△	
その他	湧水	湧水量、湧水個所など	目視, 湧水量の計測など	△	
	地山全体の変状	変位量、沈下量、天端・犬走り上のクラックなど	目視, 測量, スケッチ, クラック幅の計測, 計測データの整理など	△	変状計測データがあれば, そのデータを整理
	周辺構造物の変状	沈下、変位など	目視, 測量, スケッチ, クラック幅の計測, 計測データの整理など	△	

注）必要度の欄において「◎」は不可欠な項目，他は状況に応じて実施する項目

3.5 異常時点検

> 1) 豪雨または大地震等の異常時には，異常時点検を行うのが望ましい。
> 2) 異常時点検は，原則として目視により行い，アンカーおよび斜面・構造物等の異常の有無の確認を行う。
> 3) 異常時点検において，アンカーおよび斜面・構造物等に異常が発見された場合には，斜面・構造物等の安定性・重要度，第三者への被害の可能性などを考慮し，緊急対策の必要性について検討するものとする。また，健全性に問題があると判定された場合には，健全性調査を行い補修・補強の必要性について検討するものとする。
> 4) 点検結果は，点検記録を作成するのが望ましい。

1) 異常時に異常時点検を行う場合の降雨量や震度などの判断基準は，施設管理者により事前に決定しておくことが望ましい。また，豪雨や大地震等の異常時以外にも，施設利用者等からアンカーや斜面・構造物等の異常の通報があった場合には，異常時点検を行う必要がある。

2) 異常時点検の目的は，アンカーや斜面・構造物等の異常の有無を確認し，異常が確認された場合には迅速に必要な対策を行うことである。このため，できるだけ全数のアンカーの点検を早急に行う必要があることから，原則として目視による点検とした。
　異常時点検の点検項目を**表-解 3.5** に示す。
　ただし，日常点検において，健全に問題があると判断されたアンカーについては，優先的により詳細な点検を行うなど，特に留意して状態の把握に努める必要がある。

表-解 3.5　異常時点検項目

項目		主な事項	必要度	備考
斜面全体	崩壊	崩壊の有無，範囲，崩壊量など	◎	
	変状	変状の有無，クラック，段差，剥離，範囲など	◎	
	周辺構造物	変状，沈下，亀裂など	◎	
	湧水	有無，湧水量，湧水個所など	◎	
アンカーの状況	アンカーの飛び出し	アンカーの飛び出しの有無，本数，個所	◎	目視にて確認
	アンカー緊張力		△	
アンカー頭部の状況	頭部コンクリートの状況	浮き上がり・剥離	△	
		破損・落下	◎	落下量，破損個所
		湧水の有無	△	頭部コンクリートと受圧板との間からの湧水の有無
	頭部キャップ	破損・変形・落下	◎	
		湧水の有無	△	
	支圧板	湧水の有無	△	支圧板と受圧板との間からの湧水
受圧板・受圧構造物	変形・沈下	目地の開き，ずれ，はらみ出しなど	◎	
	破損・落下	落下量，破損個所	◎	
	亀裂・クラック	落下量，破損個所	◎	

注）必要度の欄において「◎」は不可欠な項目，他は状況に応じて実施する項目

3) 異常時点検の結果，明らかな異常や変状が確認された場合には，その規模，安定度，重要度，第三者への被害の可能性などを考慮し，第三者への被害を防ぐために必要な緊急対策を早急に実施しなければならない．その後に定期点検に準じた点検を臨時に行い，健全性に問題がある場合には引き続き健全性調査を行い，対策を実施する必要がある．

4) 異常時点検結果の記録方法は，**3.6 点検記録**に記す．

3.6 点検記録

> 1) 点検結果は，点検記録簿として記録し，保存する。点検記録簿は，本マニュアルで提案する様式を用いるとよい。
> 2) 点検結果は，可能な限り電子データで記録・保存するのが望ましい。

1) 点検結果は，点検記録簿として記録し，保存しなければならない。

　日常点検，異常時点検結果は，異常が確認された場合にのみ，その状況について記録を残してもよいが，定期点検結果は異常の有無にかかわらず，毎回点検結果を記録しなければならない。この場合，写真も記録として残すのが望ましい。

　点検結果を記録する点検記録簿の様式を，本マニュアルの巻末に参考資料として記載している。これらの統一的な様式を用いると，各現場での点検結果の比較が容易となるため，使用するのが望ましい。しかし，各現場条件に応じて，適宜記録簿の様式を作成し，記録として残してもよい。

2) 点検結果は，以降の長期間にわたるデータの保存，更新を行いやすくするために，可能な限り電子データの形で保存するのが望ましい。また，データの保管に当たっては，予期せぬデータの消滅等に備え，必ずバックアップを取る必要がある。

3.7 健全性調査の必要性の判定

> 点検を行った後には，点検の結果から詳細な健全性調査を行う必要があるか否かの判定を行う。

（1）点検によりアンカーおよび斜面・構造物等に異常が確認された場合には，点検結果に基づき健全性調査の必要性の判定を行い，以降の対応の検討を行う。

　点検結果に基づく健全性調査の必要性判定の考え方は，対象とする斜面・構造物等の重要度や大きさ，周辺状況（住居，施設など），アンカーの供用年数などにより異なり，現場条件に応じて設定することになる。一般的な条件のアンカーに対する健全性調査の必要性の判定の考え方の例を，表—解 3.6，3.7 に示す。

表-解 3.6 点検結果からの個々のアンカーの健全性調査の必要性の評価（例）

点検項目		点検内容	評価[注1]
アンカーおよび構造物の諸元	アンカーの工法	旧タイプアンカー	Ⅱ
調査・設計・施工資料	調査・設計資料	地盤が腐食環境	Ⅲ
		地下水が豊富	Ⅲ
		劣化・風化しやすい地質	Ⅲ
アンカーの状態	アンカーの飛び出し	頭部の飛び出し	Ⅰ
	残存引張り力（荷重計が設置されている場合）[注2]	荷重計の値（ほとんど残存引張り力なし）	Ⅰ
		荷重計の値（定着時緊張力の 0.8 倍以下）	Ⅱ
		荷重計の値（設計アンカー力以上）[注3]	Ⅱ
		荷重計の値（設計アンカー力の 1.1 倍以上）	Ⅰ
アンカー頭部の状態	頭部コンクリート	破壊、部分的な欠損	Ⅱ
		1mm 幅を超える程度のクラック	Ⅱ
		頭部コンクリートからの遊離石灰	Ⅲ
		頭部コンクリートの浮き上がり	Ⅰ
		頭部コンクリート背面に隙間	Ⅲ
		頭部コンクリート背面からの水の漏出	Ⅱ
	頭部キャップ	頭部キャップの損傷	Ⅱ
		頭部キャップの材質劣化・腐食	Ⅱ
		固定ボルトの破壊・腐食	Ⅲ
		頭部キャップ周辺の防錆油漏れによる汚れ	Ⅲ
	支圧板	頭部・支圧板の浮き（目視による確認）	Ⅱ
		支圧板が人力で回転可能	Ⅰ
		支圧板背面からの水の漏出	Ⅱ
		支圧板周辺の汚れ	Ⅲ
受圧板・構造物の状態	亀裂・クラック	数 mm 幅以上のクラック，連続した亀裂	Ⅱ
	変形・沈下	受圧板・構造物の大きな変状	Ⅱ

注1) これらは目安であり，点検内容でも程度のひどいものについては1ランク高い評価を下すなどの判断が必要
　　ここで，Ⅰ：アンカーの健全性に問題があると推測される
　　　　　　Ⅱ：アンカーの健全性に問題がある可能性が大きいと推測される
　　　　　　Ⅲ：アンカーの健全性に影響があると推測される
注2) 荷重計が設置されており，正常に動作している場合
注3) 待受効果を期待して，定着時緊張力を設計アンカー力よりも大きく低減して定着した場合

表-解 3.7　個々のアンカーの健全性調査の必要性の判定（例）

評価結果	判定	対応
Ⅰ：1つ以上 またはⅡ：2つ以上 またはⅢ以上：3つ以上	健全性に問題のある可能性が高く，詳細な調査が必要	健全性調査の実施 （状況に応じて緊急対策実施）
上記以外	健全性に問題のある可能性あり	経過観察 （状況に応じて軽微な補修実施）

表-解 3.6，3.7 は一般的な条件に対する評価・判定例であり，現場条件に応じて適宜修正・追加して適用してよい．

(2) 表-解 3.6 の例に示すように，アンカーおよび斜面・構造物等の健全性に問題がある可能性が大きいと判断された場合には，より詳細な調査を実施し，これらの調査結果に基づき，アンカーの健全性を評価し，対策を講じなければならない．健全性調査の内容と方法は，第4章に記す．

また，明らかに健全性に問題があり，緊急に何らかの対策を行わないと第三者へ被害が及ぶ可能性がある場合には，健全性調査の実施に先立ち，緊急対策を実施しなければならない．健全性調査は，緊急対策実施後に第三者への被害の危険性が小さくなった段階で行うものとする．

表-解 3.6 および表-解 3.7 に示した評価に該当しない場合でも，次のような場合には健全性調査を実施することが望ましい．

①個々のアンカーには異常が確認されていないが，斜面・構造物等に何らかの異常が見られる場合

②個々のアンカーの異常は健全性調査が必要と判断されるレベルではないが，類似の要因に起因すると見られる軽微な異常が一定の範囲に集中している，あるいは非常に広範囲にわたって発生している場合

③施工からある程度以上の期間が経過したアンカーで，長期にわたり健全性調査が実施されていないアンカーが存在する場合も健全性調査を実施することが望ましい

健全性に問題のある可能性があるが，その可能性はそれほど大きくないと判定された場合には，それ以降の健全性調査の実施について，周辺状況やアンカーおよび斜面・構造物等の重要性など，現場条件に応じて判断することになる．もし，健全性調査を実施しない場合には，以降の点検において，重点的に経過観察を行い，何らかの異常が進展した場合には，速やかに対応を検討しなければならない．また，一部の健全性調査（頭部詳細調査，リフトオフ試験，防錆油の試験など）を定期的に実施することも考えられる．使用部材・材料の損傷・劣化が明らかな場合には，健全性調査を実施しない場合でも，補修や部品・材料の交換などの対応を行う必要がある．

使用部材や材料の損傷・劣化が明らかな場合には，健全性調査を行わずに補修や部品の交換等の対策を行ってもよい．

第4章　アンカーの健全性調査

4.1　健全性調査の基本的な考え方と流れ

> アンカーの点検により健全性調査が必要と判定されたアンカーを対象に健全性調査を実施して，より詳細にアンカーの状態を確認し健全性を評価するものとする。
> 1) アンカーの健全性調査に先立って，事前調査を実施し，健全性調査の計画に必要な資料を収集する。
> 2) 事前調査の結果や点検結果を基に健全性調査計画を策定し，計画的かつ効率的に調査を実施する。
> 3) 健全性調査については，対象とするアンカーの状態や現場条件などを考慮して適切な手法を選定する。
> 4) 個々のアンカーの健全性調査の結果を基にアンカー定着構造物の健全性を評価する。
> 5) 健全性調査の内容と結果は記録し，保存するものとする。

　アンカーの健全性調査は，点検等によって健全性に問題がある可能性が認められた個々のアンカーに対して詳細な調査を実施するものである。

1) 事前調査
　　健全性調査として適応できる試験の種類や方法は，アンカーの諸元，現場条件，周辺環境などにより異なるため，適応できる調査・試験の種類や方法を決定するために事前調査を行う。

2) 健全性調査計画の策定
　　健全性調査計画書は，事前調査で収集した資料を基に，採用可能な試験の種類や方法を検討し，その実施方法や各調査・試験段階における施工管理方法を詳細に定めるもので，現場およびその周辺の安全と環境保全に対して配慮したものとする。
　　健全性調査は，健全性調査が必要と判定されたすべてのアンカーを対象として実施することを原則とする。ただし，どの調査を行うかは個々に判断することとし，必ずしもすべての調査を全数に対して行う必要はない。
　　健全性調査の必要なアンカーが多数にのぼる場合，それらが類似の要因により異常であると判断できる場合は，抜き取り調査を実施して，その結果をすべての健全性調査が必要なアンカーに適用して対策を実施してもよい。ただし健全性調査が必要と判定されたにもかかわらず健全性調査を実施していないアンカーに対して，健全であると判定してはならない。

点検の結果，異常が発見されていなくても，健全性調査によって健全性に問題があると判定されたアンカー周辺のアンカーについても適宜追加調査を行ったり，場合によっては全数調査を行ったりするなどして，斜面・構造物等全体の健全性を把握する必要がある。

健全性調査の結果は，対策を実施する場合の基礎資料となるものであることから，対策が必要と判断された場合に手戻りがないよう，対策を実施するための調査も適宜追加する。

3) 健全性調査手法の選定

健全性調査を行うに当たっては，効果的かつ効率的な手法を選定し，実施するものとする。

4) 健全性調査結果の評価

健全性調査の結果は，個々のアンカーの健全性を示すものであることから，これらの試験の結果を基に，アンカー定着構造物の設計基準等を考慮して健全性を総合的に評価することとする。

健全性調査の結果，緊急に何らかの対策を行わないと第三者へ被害が及ぶ可能性がある場合には，対策等の検討に先立ち，緊急対策を実施しなければならない。対策等の検討およびその実施は，緊急対策実施後に第三者への被害の危険性が小さくなった段階で行うものとする。

5) 記録の保存

健全性判定の結果は，点検結果と併せて調査記録簿等に記録し，保存しなければならない。

4.2 健全性調査計画

> 健全性調査計画は，事前調査で収集した資料を基に，採用可能な試験の種類や方法を検討し，その実施方法や各調査・試験段階における施工管理方法を詳細に定めるもので，現場およびその周辺の安全と環境保全に対して配慮したものとする。

4.2.1 健全性調査計画

事前調査で得たアンカーの諸元，現場条件，周辺環境に関する資料より，物理的に試験の実施が可能であるかどうか，また，安全性や経済性などを考慮して実施可能な試験を選択し，その方法を検討して健全性調査計画を行う。

表－解 4.1 の項目は一般的な事例であり，調査を実施する現場の諸条件に合わせて，適切に追加・削除して最適な計画を立案する。

表-解 4.1 健全性調査計画の内容（例）

項　目	主な記載事項
1. 調査対象現場の概要	・工事件名 ・工事場所（所在地，案内図，位置図） ・使用目的（斜面安定，地すべり対策，浮力対策，土留め工など） ・アンカーの施工時期 ・その他
2. 地盤条件	・地質柱状図 ・地層断面図
3. 健全性調査の目的	・アンカー健全性調査を実施する目的
4. 健全性調査の実施体制	・管理者（責任技術者） ・安全管理体制
5. 調査の実施位置	・アンカー健全性調査を実施する位置 ・調査位置選定の理由
6. 健全性調査項目	・アンカー健全性調査の種類 ・健全性調査項目および選定理由
7. 調査アンカーの諸元	・工法およびタイプ ・テンドンの強度，特性 ・アンカー体長，アンカー自由長 ・設計アンカー力 ・定着時緊張力 ・その他
8. 調査方法	・一般事項 ・調査手順（フローチャート） ・作業手順 ・品質管理計画 ・仮設計画 ・使用機械 ・使用材料 ・その他
9. 調査後の復旧	・復旧計画 ・使用材料

4.2.2 使用機器

各調査・試験において，使用機器などによっては電力の調達が必要となる。アンカーが配置された地形によって作業足場，安全通路，親綱・命綱など安全設備設置の検討が必要となる。各調査・試験の使用機器および計画の要点などを表-解 4.2 に示す。

表-解 4.2 各調査・試験の使用機器（例）

調査・試験名称	調査方法	調査項目	主な使用機器	仮設など	備考
頭部詳細調査	頭部目視調査	浮き上がり，破損状況，遊離石灰	ハンマー		緊張力解除前
	頭部露出調査	鋼材，定着具の腐食状況 防錆油の充填・変質状況	電動ピックスパナなど	電力設備 はつりかすなど飛散防止	緊張力解除前
防錆油の試験	目視調査 専門試験場	防錆油の色相と物性	色相サンプル 各種試験装置		緊張力解除前 緊張力解除後
超音波探傷試験		テンドンの探傷	超音波探傷器 探触子，パソコン ディスクグラインダー	電力設備	緊張力解除前 緊張力解除後
リフトオフ試験		残存引張り力 変位特性	センターホールジャッキまたは特殊ジャッキ，変位量測定装置	電力設備 テンドンなど飛散防止	緊張力解除前
頭部背面調査	緊張力解除	―	センターホールジャッキ ジャッキチェアー，テンションバーなど特殊冶具	電力設備 テンドンなど飛散防止	
	目視調査	テンドンの腐食状況 支圧板背面調査 防錆油の充填状況			緊張力解除後
維持性能確認試験	緊張力解除後多サイクル確認試験	アンカー耐力 変位特性	センターホールジャッキ ジャッキチェアー，テンションバーなど特殊冶具 変位量測定装置	電力設備 テンドンなど飛散防止	緊張力解除後

注）各調査・試験共通項目として通路，足場，親綱などの安全施設を設置する。

4.2.3 調査・試験の数量

健全性調査計画において，各調査・試験の実施数量を決めておくことが望ましい。健全性調査の実施数量は，設置されたアンカーの重要度や設置本数により異なる。本数決定の目安を表-解4.3に示す。

表-解 4.3 調査・試験数量と頻度の目安

調査・試験種別	調査・試験実施本数の目安	備　考
頭部詳細調査　目視調査	事前調査により決定	アンカーの点検を参考
頭部詳細調査　露出調査	健全性判定で健全性調査が必要とされたアンカーとその周囲（上下・左右）および，それを除いた本数の20％かつ5本以上	
リフトオフ試験	健全性判定で健全性調査が必要とされたアンカーとその周囲（上下・左右）および，それを除いた本数の10％かつ3本以上	頭部の構造等のチェック
頭部背面調査	健全性判定で健全性調査が必要とされたアンカーとその周囲（上下・左右）および，それを除いた本数の5％かつ3本以上	緊張力除荷の可不可
維持性能確認試験	頭部背面調査を実施したアンカー全本数	
防錆油の試験	目視調査により異常が見られる部分	アンカー頭部，頭部背面
モニタリング	モニタリング用の計測装置が設置されたアンカー	
超音波探傷試験	必要性，実施可能性に応じて実施	
アンカー定着構造物と周辺環境の調査	腐食環境や地山の移動などによって，アンカーの健全性に問題がある場合に実施	

4.3 健全性調査の種類

> 健全性調査の種類には，事前調査，アンカー頭部詳細調査，リフトオフ試験，頭部背面調査，維持性能確認試験，防錆油の試験，残存引張り力のモニタリング，超音波探傷試験などがある。

4.3.1 事前調査

事前調査は，健全性調査の各種調査・試験の実施が可能であるかを判断する資料を得るために行う。事前調査は既存資料調査，現地踏査，初期予備調査および補足調査に分けられる。

(1) 既存資料調査

アンカーの維持管理における事前調査（維持管理用カルテなど），日常点検，定期点検，緊急点検などの既存資料から，アンカーの諸元，アンカーの状況，アンカー頭部の状況，受

圧板その他の変状の有無などを調査し，健全性調査・試験の計画の参考資料とする。

(2) 現地踏査

アンカー定着斜面・構造物の外観を調査し，事前に入手した図面と現地の状況を比較してアンカーの打設位置などを確認する。さらに，健全性調査において必要となる機器の手配や製作に必要な調査(寸法計測)，作業足場・通路の確保，資機材の運搬・移動方法や電力調達の方法などを検討するための調査を行う。図-解 4.1 に現地踏査における確認項目を示す。

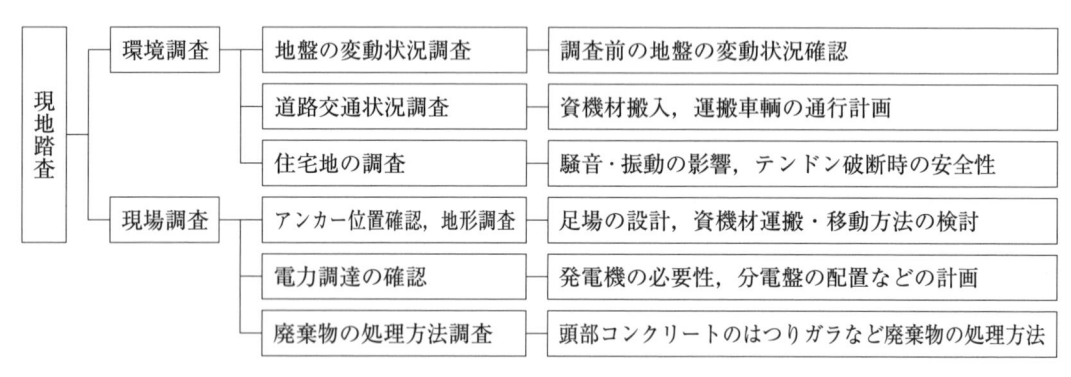

現地踏査	環境調査	地盤の変動状況調査	調査前の地盤の変動状況確認
		道路交通状況調査	資機材搬入，運搬車輌の通行計画
		住宅地の調査	騒音・振動の影響，テンドン破断時の安全性
	現場調査	アンカー位置確認，地形調査	足場の設計，資機材運搬・移動方法の検討
		電力調達の確認	発電機の必要性，分電盤の配置などの計画
		廃棄物の処理方法調査	頭部コンクリートのはつりガラなど廃棄物の処理方法

図-解 4.1 現地踏査における確認項目 (例)

3) 初期予備調査

各アンカーの頭部および周辺状況について個別に外観調査を行う。

①頭部保護の状態

頭部キャップの劣化や破損の有無および固定状態を確認する。頭部をコンクリートで被覆している場合は，コンクリートの劣化や破損，遊離石灰および浮き上がりの有無を確認する。

②斜面・構造物，周辺状況の調査

アンカー定着斜面・構造物の状態を調査し，クラックの有無や全体の変動の有無を確認する。また，アンカー打設位置の周辺での湧水の有無を確認し，必要に応じて水質検査を行う。

(4) 補足調査

腐食環境や地山の移動等によってアンカーの健全性に問題が発生した場合には必要な調査を実施する。

①腐食に関する調査

強酸性を示す地盤・温泉地・鉱山鉱滓捨て場・石炭ガラ捨て場・工場廃棄物捨て場・鉄道沿線などの迷走電流の存在する個所など，テンドン・鋼材の腐食やグラウトの劣化によって健全性に問題が発生したと予測される場合は，腐食に関する調査を行う。

腐食環境においては，地盤や地下水の pH ・酸度・比抵抗値・嫌気性硫酸塩還元バク

テリアの繁殖度・遊離炭酸・アンモニア等の調査を実施する。異常な値を示す場合には，これらの諸数値を測定して腐食作用の程度が推定できる。

②地山の移動等に関する調査

　地山の移動（地すべり）やアンカー施工後の地山形状の変更等による土圧変化でアンカーの健全性に問題が発生したと判断される場合には，地表踏査，移動量観測，地下水位観測等の地盤調査を実施してアンカー健全性との関係を調査する。表-解4.4に主な調査方法の分類を示す。

　調査の内容・数量は「道路土工　のり面工・斜面安定工指針」（（社）日本道路協会1999年3月）の「2-3-7地すべりの調査」に準じて実施するとよい。

　地山の明瞭な亀裂・段差・沈降・隆起等は，アンカー機能が十分に発揮されていないことを表しているとともに，アンカーの健全性が急激に低下する可能性を示唆している。このことからアンカーに特別な変状が認められない場合であっても，アンカーの健全性の調査を併せて実施することが必要である。

表-解4.4　主な調査方法の分類

```
調査 ─┬─ 現地調査 ─┬─ 現地踏査
      │            ├─ 物理探査（弾性波探査，電気探査，物理検層等）
      │            ├─ ボーリング（機械ボーリング，オーガーボーリング）
      │            ├─ サウンディング
      │            ├─ サンプリング
      │            ├─ 地下水調査（地下水検層，地下水追跡等）
      │            └─ 現地計測（地表面・すべり面移動量調査，地下水位観測等）
      └─ 室内試験 ─┬─ 土質試験
                   └─ 岩石試験
```

「道路土工のり面工・斜面安定工指針」p.66を一部修正

③台座・周辺構造物の調査

　アンカー台座（プレキャスト受圧板，法枠等）の変状・変形・亀裂だけでなく，周辺構造物についても調査することとする。調査する構造物は，対象斜面上部の構造物，斜面上の法枠・水路，斜面末端部の擁壁類・水路等であり，平面図・展開図等に変状の規模・性状・数量等を調査し，保存する。変状の進行性を確認できるように亀裂等を挟んで鋲・杭等を設置し，定期的な観測や異常時の観測ができるようにする。

4.3.2　頭部詳細調査

(1) アンカー頭部の分類

　アンカーの頭部保護には，頭部コンクリート（モルタル）による直接被覆，頭部キャップ，その他の方法による簡易処理があり，頭部保護を全く行っていないものもある。

　アンカー頭部の調査手法は頭部保護の種類によって大きく異なる。特に頭部コンクリートの場合は，はつり出し等の作業が必要となる。よって，頭部保護の分類に合わせて事前に計画を立てる必要がある。

①頭部コンクリート（モルタル）による被覆

　アンカー頭部に型枠を設置し，コンクリートもしくはモルタル打設により保護する方法である。旧タイプアンカーにおいては最も多く採用されており，定着具に直接モルタル等を打設していることからくさびの不具合等，問題も多い。ただし，直接被覆でなく，頭部キャップやオイルテープ等で保護した後にコンクリートを打設されたものもあり，外観だけでの判断は困難である。

　地山補強土工においても同様の頭部保護を行っているものも多い。アンカー工および地山補強土工における判断の目安を表-解 4.5 に示す。

表-解 4.5　アンカー工と地山補強土工の判断の目安

種　別	枠幅 200 mm 以下	枠幅 300 mm	枠幅 400 mm	枠幅 500 mm 以上
アンカー工	×	△	○	◎
地山補強土工等	◎	○	△	×

◎：可能性が非常に高い
○：可能性が高い
△：可能性は低い
×：ほとんどない

図-解 4.2　頭部コンクリートによる頭部保護（例）

②頭部キャップによる頭部保護

　アンカー頭部にキャップを被せ，防錆油を充填する方法は，1988年（地盤工学会基準改定）以降のアンカーに多く採用されている。このタイプはネジ固定されているため，簡単に頭部を露出させての調査が可能である。旧タイプアンカーにおいても頭部キャップが採用されていることもある。キャップの種類のみで旧タイプアンカーを判別することは困難である。判断の目安として，グリスニップルの有無があり，無いものは旧タイプアンカーである可能性が高い。また，頭部キャップ内に充填されている防錆油は一般に高融点タイプが使用されている。なお，連続繊維補強材を使用したアンカーでは，頭部キャップに防錆油が充填されていないものもある。図-解4.3に頭部キャップによる頭部保護の例を示す。

図-解4.3　頭部キャップによる頭部保護（例）

③簡易な頭部保護

　旧タイプアンカーやロードセル等の設置により頭部コンクリートや頭部キャップが使用できない場合に採用されていることが多い。頭部保護方法としては塩ビパイプやホース等を加工したもの，オイルテープやビニールテープの巻き付けによるものなどがある。これらは比較的簡単に頭部を露出することが可能であるが，腐食している可能性が高い。図-解 4.4，および図-解 4.5 に簡易な頭部保護の例を示す。

図-解 4.4　ホースによる簡易頭部保護（例）

図-解 4.5　塩ビパイプによる簡易頭部保護（例）

④頭部保護無し

アンカー頭部が無保護のまま放置されているもので，最初から計画されていないもの，仮設目的であったものが長期間放置されているものなどがある。頭部が露出しているため錆の発生によるテンドンや定着具の強度低下が起こっている場合があり，調査を行うにあたって危険な状態であることが考えられるため，調査は慎重に行う必要がある。図-解 4.6 に無保護のアンカー頭部の例を示す。

図-解 4.6　無保護アンカーの頭部（例）

(2) 外観による調査

アンカーに何らかの変状が発生している場合，アンカー頭部にさまざまな変状が発生することが多い。目視による調査はアンカーの日常点検として最も重要であり，変状の状況からアンカー内部を推定することが可能である。

①頭部コンクリート（モルタル）の変状

頭部コンクリートによる直接被覆の場合，頭部の浮き上がり・落下・破損が最も顕著な変状と見なすことができる。主な変状の原因を下記に示す。ただし，浮き上がり原因を外観だけから判断するのは難しく，判断できない場合は，頭部を露出させての調査を行う。

1) テンドンの破断

テンドンが破断した場合，その反動により頭部が浮き上がることがある。特に PC 鋼棒を使用した旧タイプアンカーでは発生しやすい。浮き上がりの程度は破断の発生箇所と破断荷重により異なり，破断時の荷重が大きく，深部で破断するほど変状が大きくなる。テンドンの破断による浮き上がり量は数 cm から 1 m 程度と大きく，頭部コンクリートの破壊を伴うことが多い。

2) 受圧構造物（法枠，受圧板・台座等）の沈下や劣化

　テンドンの伸び量以上に台座が沈下すると，頭部コンクリートが浮き上がったように見えることがある。この現象は特に設計アンカー力が小さく，アンカー自由長が短い場合に発生しやすい。台座の沈下や劣化による見かけの浮き上がり量は一般に数 mm 程度である。

3) 落石等の外力

　斜面上部からの落石や施工中の建設機械の接触，供用後の自動車の接触等により頭部コンクリートの破損や落下が起こる場合がある。上段にある頭部コンクリートの落下により下部の頭部コンクリートが破損した例もある。これらは衝撃を受けた箇所を特定することで判断することができる。

4) 凍上，雪荷重

　寒冷地においては凍上による頭部コンクリートの浮き上がりが発生する場合がある。凍上による浮き上がり量は通常数 cm 程度である。

　積雪の多い地域においては雪荷重による頭部コンクリートの落下が発生する場合もある。

5) 湛水面における流木等の接触

　河川や湖，護岸等でアンカーを使用している場合，流木等の接触で頭部コンクリートの破損，浮き上がりが起こることがある。

6) 付着力の不足

　頭部コンクリートを設置する場合，法枠への差し筋，接着面のチッピング等が必要となるが，それらを十分に行っていないものもある。これらは法枠の老朽化とともに接着面が剥がれ，最終的に落下する恐れがある。

7) その他

図-解 4.7 アンカーの変状による破壊（自由長深部におけるテンドンの破断）（例）

図-解 4.8 アンカーの変状による破壊（頭部背面におけるテンドンの破断）（例）

図-解 4.9 背面の沈下による頭部コンクリートの浮き上がり（例）

図-解 4.10　落石による頭部コンクリートの破壊（例）

図-解 4.11　凍上による頭部コンクリートの落下（例）

図-解 4.12　洪水時の流木等の接触による頭部コンクリートの破損（例）

図-解 4.13　頭部コンクリートの劣化（例）

②頭部キャップの変状

頭部キャップにおいては内的，外的要因により破損等の変状が見られる場合がある。この原因として次のことが考えられる。

1) テンドンの破断

テンドンが破断した場合，その反動により頭部キャップが破損することがある。特に PC 鋼棒を使用した旧タイプアンカーにおいて発生しやすく，破損の程度は破断の発生箇所と破断荷重，頭部キャップの材質により異なる。破断時の荷重が大きく深部で破断した場合，頭部キャップが破損する可能性が高い。

2) 落石等の外力

斜面上部からの落石や施工中の建設機械の接触，供用後の自動車の接触等により頭部キャップの破損や変形が起こる場合がある。

3) 雪荷重

積雪の多い地域においては，雪荷重による頭部キャップが破損することがある。特に剛性の低いプラスチック製，ABS 樹脂製では発生しやすい。

4) 流木等の接触

河川や湖，護岸等でアンカーを使用している場合，流木等の接触で頭部キャップの破損が起こることがある。

5) その他

図-解 4.14　テンドンの破断による頭部キャップのフランジの変形（例）

図-解 4.15　流木等の接触による頭部キャップの破損（例）

図-解 4.16　雪荷重による頭部キャップの破損（例）

③水の影響

　アンカー頭部背面においては，地下水の影響による遊離石灰の付着や雑草の繁茂が見られる場合がある。遊離石灰とは，コンクリート中の可溶性物質やコンクリート周辺に存在する可溶性物質が水分とともに貫通したひび割れを通ってコンクリート表面に移動し，水分の逸散や空気中の炭酸ガスとの反応によって析出したものである。よって遊離石灰が頭部周辺に見られる場合，背面からの水分の移動があったと考えられる。また，雑草の繁茂も遊離石灰と同様に水分の供給がある証しとなる。そのため，頭部背面処理があまり行われていない旧タイプアンカーにおいては，水の影響によるテンドン腐食の可能性がある。

図-解 4.17　アンカー頭部に見られる遊離石灰（例）

図-解 4.18　アンカー頭部からの湧水および雑草の繁茂（例）

④防錆油の流出

　頭部キャップによる頭部保護が実施されたアンカーにおいては，防錆油の流出が見られる場合がある。流出の原因としては次のことが考えられる。

1) シール材・Oリングの劣化

　防錆油の流出防止にはOリングやシール材が一般に使用されている。これらの経年変化による劣化で防錆油が流出する場合がある。

2) 防錆油の融解

　一般に頭部キャップ内部は高温になることから，高融点タイプの防錆油が使用されている。これらの防錆油を使用した場合，夏期においても融点に達することがないため，シール材やOリングの劣化がなければ，流出することはない。それに対し，通常の防錆油を使用した場合，夏期においては融点に達するため，シール材やOリングのわずかな劣化によっても多量に流出することがある。図-解4.19に頭部キャップから防錆油が流出した例を示す。

図-解4.19　頭部キャップからの防錆油の流出（例）

3) 防錆油の変質

　防錆油が地下水の浸入により乳化した場合，品質も低下し，また粘性も小さくなり流出しやすくなる。

(3) 頭部を露出させての調査

　変状原因を確認するため頭部を露出させての調査を行う。頭部を露出させての調査は，頭部キャップの場合，ねじ止めであることから容易に行うことが可能であるが，頭部コンクリ

ートの場合はコンクリートのはつり作業が必要となるため，調査後の頭部保護方法をあらかじめ立てる必要がある。

調査本数は原則として **3.7 健全性調査の必要性の判定** において調査が必要と判定されたアンカーおよび，それを除いた本数の 20 ％かつ 5 本以上とする。ただし，目視による調査で全本数の 20 ％以上に変状が見られる場合は実情に応じて試験本数を増やすことが望ましい。

調査項目を以下に示す。

①頭部キャップ

頭部キャップは破損，変形や材料の劣化がないこと，確実に固定されていることを目視により確認する。頭部キャップの場合，周辺部のシールや O リングの劣化状況を確認し，必要があれば交換等を行う。頭部キャップ周辺からの湧水がある場合や頭部キャップを補修した履歴が確認できる場合は記録する。

②防錆油（頭部キャップの場合）

頭部キャップを取り外す前に周辺部への油漏れの有無を確認する。頭部キャップ内の防錆油の残量を確認し，減少が認められた場合は原因を究明する。防錆油の変質が認められた場合は防錆油の性能試験を行う。性能試験は **4.3.6 防錆油の試験** に従って実施する。ただし，本数が少なく試験を行うより交換した方が安価な場合は試験なしで防錆油を交換しても良い。

③再緊張余長部

コンクリートや防錆油を除去した後に再緊張余長部のテンドン腐食状況を確認する。テンドンに腐食による断面欠損が見られる場合，サンプルを採取し，断面欠損率を測定する。また，再緊張余長部が背面に引き込まれていないか，不揃いがないかを確認する。

再緊張余長は背面目視調査を行う場合のくさび除去手法を選定するために必要となることから，くさび位置から一番短い鋼線の先端までを測定し，記録する。

④定着具の腐食状況

コンクリートや防錆油を完全に除去した後に定着具の腐食状況を確認する。くさびとアンカーヘッドの隙間にコンクリートが充填され，くさびの移動を妨げている場合はこれらを取り除く。ナット定着の場合，ネジ部のコンクリートを除去し，再緊張，緊張力緩和が行えるようにする。

⑤支圧板

支圧板の浮きを目視もしくは打音で確認し，同時に腐食状況も調査する。また，支圧板背面からの湧水の有無も確認する。

図-解 4.20 頭部コンクリートのはつり作業（例）

図-解 4.21 くさびタイプアンカーの頭部露出（例）

図-解 4.22 ナットタイプのアンカーの頭部露出（例）

図-解 4.23　防錆油の充填状態（例）

図-解 4.24　再緊張余長の不揃い（例）

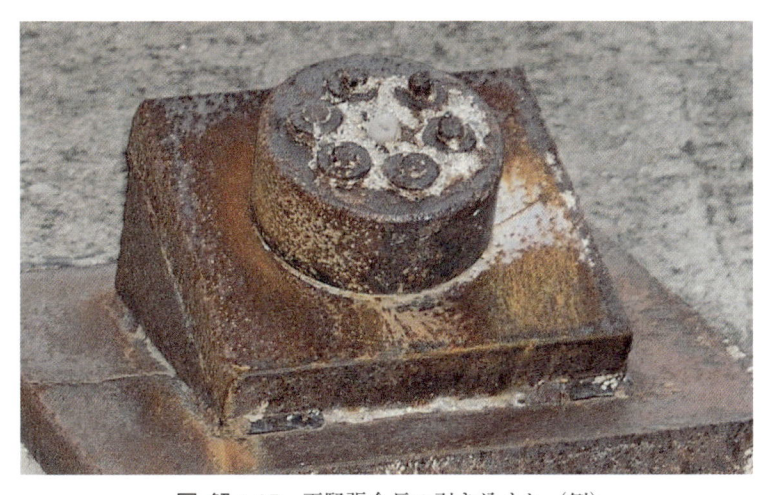

図-解 4.25　再緊張余長の引き込まれ（例）

図-解 4.26 定着具（アンカーヘッド，くさび，支圧板）の腐食（例）

図-解 4.27 メッキ塗装の剥がれによる支圧板の腐食（例）

(4) 防錆油の調査

　頭部保護で使用される防錆油は長期間の使用により，劣化や充填不足が発生している場合がある。防錆油の劣化は，水や空気の混入，温度変化等の環境変化により発生する。防錆油の流出は，頭部背面への流出と頭部キャップ周辺部からの流出がある。頭部背面への流出は，頭部背面処理が行われていない旧タイプアンカーに特徴的に見られ，くさびとアンカーヘッドの空隙から流出するものである。頭部キャップ周辺部からの流出は，頭部キャップの O リングや周辺のシール材の劣化により発生する。調査によって，劣化や充填不足が確認された場合，防錆油流出の原因を取り除き，補充，または交換する。防錆油の性能試験は **4.3.6 防錆油の試験**に従って実施する。

図-解 4.28　防錆油の流出（例）

図-解 4.29　防錆油の劣化（例）

(5) 調査後の保護

　頭部を露出させての調査を行った後は，テンドンや定着具の腐食がこれ以上進行しないように，十分な頭部保護を行う。頭部保護は原則として頭部キャップで行うものとする。ただし，頭部キャップの取付けが困難もしくは設置される環境から適切でない場合は，くさびやナット部がコンクリートで固定されないような対策を施した後，頭部コンクリートを打設する。

　頭部保護は **5.2 対策工の種類と選定** に従って実施する。

図−解 4.30　調査前の頭部コンクリート（例）

図−解 4.31　調査後の頭部キャップによる保護（例）

4.3.3 リフトオフ試験

アンカーの残存引張力は，地盤のクリープ，テンドンのリラクセーションなどの影響により時間の経過とともに少しずつ減少するが，外力の変化や沈下などによる地盤の変位の影響を受けた場合に大きく変化する。このような場合，アンカーは期待した機能を発揮できなくなったり，テンドンの破断などの危険な状態になることがある。このため，リフトオフ試験によりアンカーの残存引張力を測定して，アンカーが健全な状態にあるか否かを確認することは，維持管理において非常に重要である。

リフトオフ試験本数は，表–解 4.3 に示すように，点検時の健全性判定で健全性調査が必要とされたアンカーとその周囲（上下・左右），およびそれを除いた本数の 10 %かつ 3 本以上を目安として設定する。

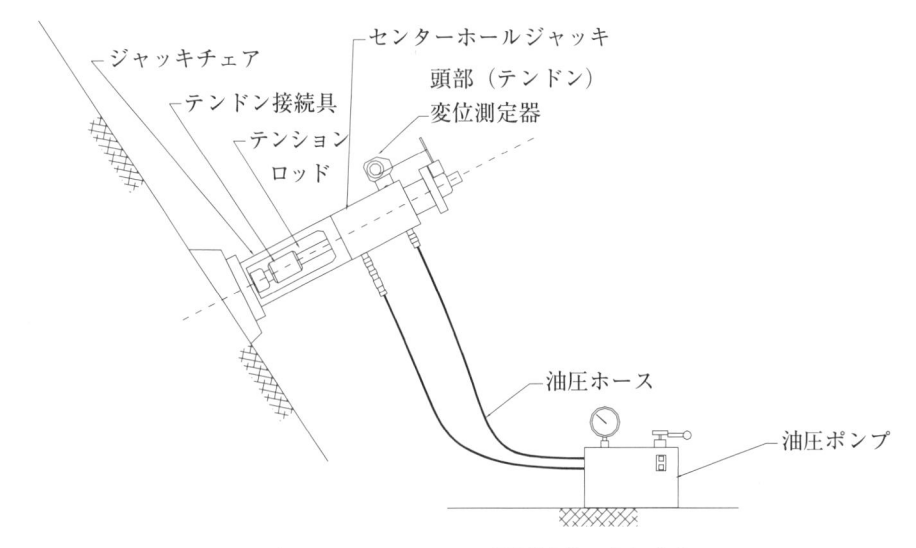

図–解 4.32 リフトオフ試験装置概要図（例）

1）試験方法

リフトオフ試験の準備から実施までのフローを図–解 4.33 に示す。

試験に際しては，テンドンの再緊張余長が十分かどうかの判定が必要となる。再緊張余長には緊張ジャッキをセットするのに必要な長さ以上であることが求められるが，一般的に PC 鋼より線の場合は 10 cm 以上，ナットタイプのテンドンの場合はカップラーを連結するねじ代以上の長さが必要である。十分な再緊張余長を有していない場合には，特殊な冶具等により定着具を直接つかむような工夫が必要となるため，試験を計画する時点での確認が必要である。

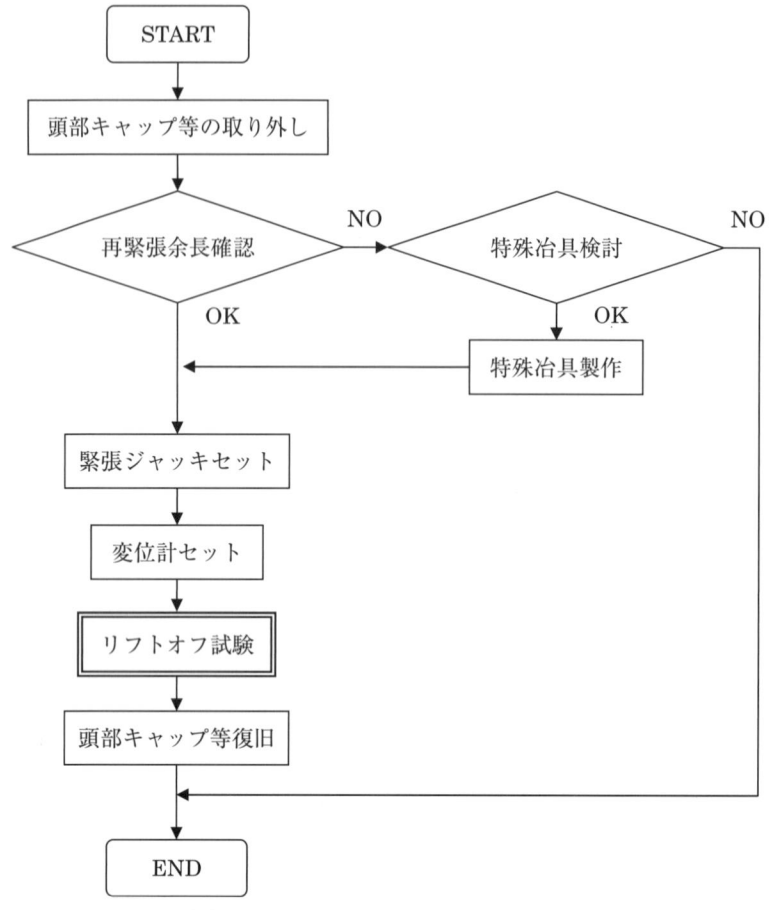

図-解 4.33 リフトオフ試験のフロー（例）

　図-解 4.34 にリフトオフ試験手順（例）を，図-解 4.35 に試験状況写真，図-解 4.36 に PC 鋼より線タイプの試験冶具の（例）を示す。

1) 頭部キャップ等取り外し

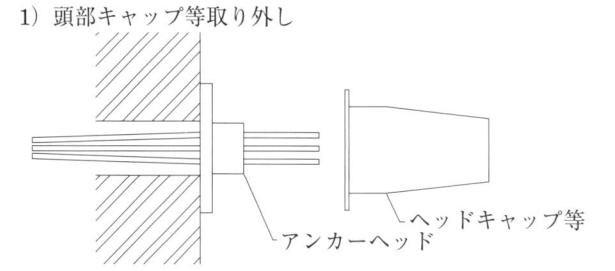

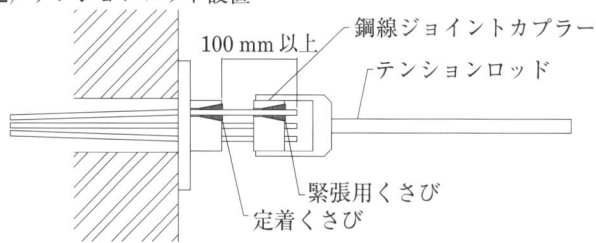

アンカーヘッド
ヘッドキャップ等

2) テンションロッド設置

100 mm 以上
鋼線ジョイントカプラー
テンションロッド
緊張用くさび
定着くさび

3) センターホールジャッキ・変位測定器設置

センターホールジャッキ
変位測定器

4) リフトオフ荷重計測

リフトオフ
変位測定器

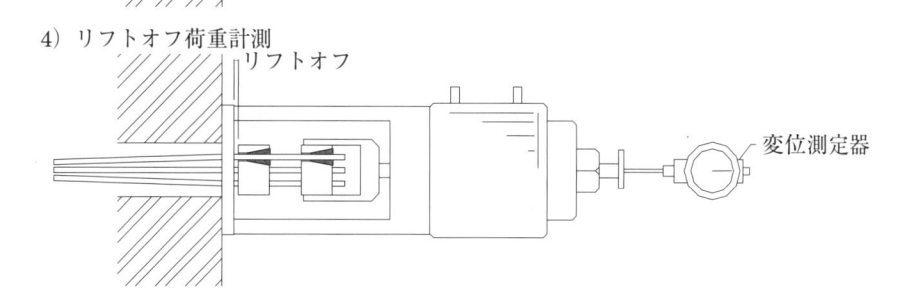

図-解 4.34　リフトオフ試験手順（例）

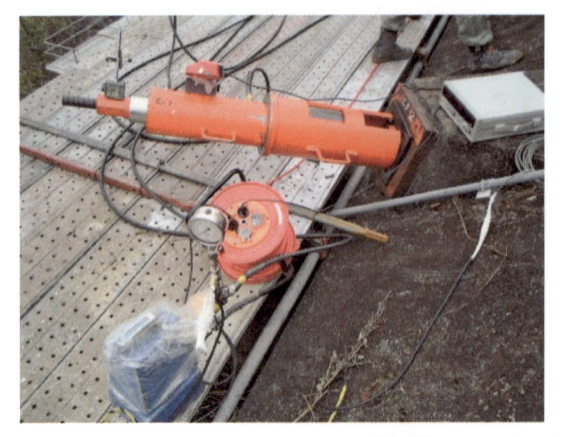

図-解 4.35 リフトオフ試験状況

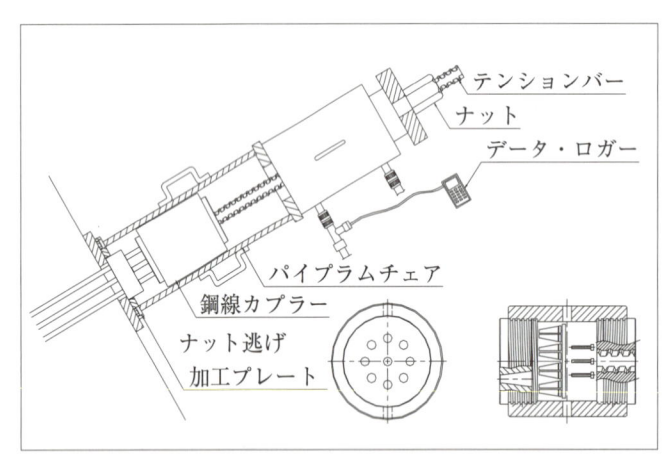

図-解 4.36 PC鋼より線タイプのリフトオフ試験機器（例）

2) 載荷方法と測定項目

　計画最大荷重は，工事報告書等によりアンカーの仕様が確認できる場合は，設計アンカー力の 1.5 倍もしくはテンドンの降伏引張り力の 90 ％の小さい方の荷重以下とする。仕様の確認ができない場合は，テンドンの降伏引張り力の 90 ％を上限とするが，不確定な要素による低減を考慮して，専門技術者の慎重な判断により決定する。

　初期荷重は，残存引張り力が定着時緊張力より大きく低下している場合もあるので，緊張ジャッキや測定機器が正常に作動する範囲で低めに設定する。載荷時の測定間隔は，細かく設定する方が望ましいが，一般的には 10 〜 20kN ピッチで測定されることが多い。載荷方法の計画に際して，アンカーの状態によっては試験中に「テンドンが破断する」「アンカーが抜ける」恐れがあることを念頭において，慎重に，かつ安全に計画する必要がある。

　試験時の測定項目は，荷重およびテンドンの頭部変位量とする。載荷は単調載荷とし，一定速度で載荷した後に荷重が安定した状態で頭部変位量の計測を行う。

　なお，試験中にリフトオフが確認された場合には，その後 3 段階程度の載荷・測定を行

った後に初期荷重まで除荷して試験を終了する。

3）試験結果の整理と判定

　測定結果から図-解 4.37 の例に示したように，荷重―変位量曲線図を作成する。

　作成したグラフの変曲点の荷重が，リフトオフ荷重すなわち，残存引張り力となる。この残存引張り力と定着時緊張力あるいは設計アンカー力を比較して健全性の判定を行う。また，リフトオフ荷重以上の荷重―変位量曲線から，アンカーの見かけの自由長や，アンカーに異常があるかないかを確認するためのデータを得ることができる。

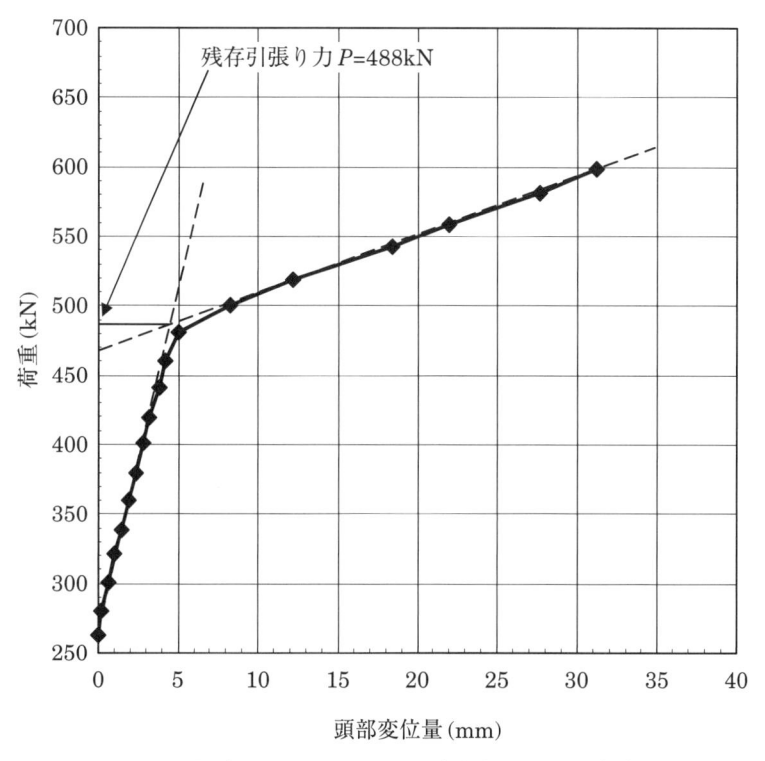

図-解 4.37　リフトオフ試験結果グラフ（例）

　見かけの自由長の算定は，リフトオフ後の荷重―伸び量の計測値を式（1）に代入して算定することができる。

$$l_{sf} = \frac{\Delta \delta_e E_s A_s}{\Delta T} \quad \cdots\cdots (1)$$

　ここに，　l_{sf}　：見かけのテンドン自由長
　　　　　　E_s　：テンドンの弾性係数（kN/mm²）
　　　　　　A_s　：テンドンの断面積（mm²）
　　　　　　$\Delta \delta_e$　：荷重―頭部変位量曲線の直線部分における変位量（mm）
　　　　　　ΔT　：荷重―頭部変位量曲線の直線部分における荷重増加量（kN）

PC 鋼より線タイプのアンカーにおいて，各より線に作用している荷重にバラツキがある場合には，明確な変曲点が得られず，正しい残存引張り力が得られないことがあるので，判定には十分な注意が必要である。

計画最大荷重まで載荷してリフトオフが確認できなかった場合は，残存引張り力が許容引張り力を超えて危険な領域に達しているため，緊急対策の検討が必要になる。また，試験中にアンカーの引き抜きが確認された場合には，残存引張り力を求めることは不可能となる。

4) 試験結果の評価

アンカーは一般的に緊張定着後 1 週間から 2 ヵ月間ほどの比較的短い期間に地盤やアンカー体の初期的なクリープ，PC 鋼材のリラクセーションなどの影響などにより残存引張り力が 10 ％程度低下することが知られている。また，外力の影響などにより残存引張り力が大きく減少したり増加する場合もある。よって，残存引張り力が定着時緊張力に対して 80 ％以上，かつ設計アンカー力以下であれば，健全な状態にあると判定する。残存引張り力とアンカーの健全度の目安を表-解 4.6 に示す。

表-解 4.6 残存引張り力とアンカー健全度の目安

残存引張り力の範囲	健全度	状　態	対処例
$0.9\,T_{ys}$	E	破断の恐れあり	緊急対策を実施
$1.1\,T_a$	D	危険な状態になる恐れあり	対策を実施
許容アンカー力 (T_a)	C	許容値を超えている	
設計アンカー力 (T_d)	B		経過観察により対策の必要性を検討
定着時緊張力 (P_t)	A	健全	
$0.8\,P_t$	A	健全	
$0.5\,P_t$	B		経過観察により対策の必要性を検討
$0.1\,P_t$	C	機能が大きく低下している	対策を実施
	D	機能していない	

リフトオフ荷重以上の荷重―変位量曲線については，表-解 4.7 に示すように傾き a がアンカー施工時の荷重―変位量曲線の傾きと同じか，同様の変位傾向を示すものが良好なものと判断できる。

表-解 4.7 リフトオフ試験結果の評価（例）

タイプ	荷重 T ～変位量 δ 特性分類	
リフトオフが明瞭な場合	$T_2 = a_2 \cdot \delta + b_2$ $T_1 = a_1 \cdot \delta + b_1$ 理論上の $T \sim \delta$ 曲線 $T = a_p \cdot \delta + b_p$	・$\dfrac{E_s \cdot A_s}{1.1 \cdot l_f} \leq a \leq \dfrac{E_s \cdot A_s}{0.8 \cdot l_f}$：正常 （ただし，設計値どおりの傾きとならない場合も考えられる） ・リフトオフ後の傾きが急激に変化する場合（図中の a_1, a_2）や，荷重が下がっていくアンカーなどは，注意が必要。
リフトオフしないもしくは不明瞭な場合	理論上の $T \sim \delta$ 曲線 $T = a_p \cdot \delta + b_p$	・アンカー軸線と台座の偏芯や地山の滑動などにより，テンドンがアンカー孔壁や構造物と接触して折れ曲がったような状態や，自由長部シース内にグラウトが浸入したなどの理由により，自由長部が拘束された場合。 ・オーバーロードになっている場合。

5）試験時の安全対策

試験中（荷重載荷―除荷時）は緊張ジャッキの緊張方向に立ち入らないようにする。また，テンドンの破断などによる飛散・接触事故等が起こらないように，ジャッキ緊張方向および影響範囲の防護や立入り禁止処置を施す。

防護の方法としては，テンドンの頭部にくさびや破断したテンドンの飛散を防止するための冶具を取り付けたり，万一飛散した場合の部材を受け止めるための防護壁などを緊張ジャッキ背面に設置する。

4.3.4 頭部背面調査

アンカーの緊張力を解除して定着具を取り外し，かつ復旧することが可能なアンカーについて，頭部背面調査を行う。

アンカーの定着方式がナット定着の場合，比較的容易に緊張力の解除を行うことができるが，くさび定着では，図-解 4.38 に示すように再緊張余長の長さおよび解除後の戻り量の大きさにより緊張力解除の可否が決まる。再緊張余長については，図-解 4.40 および図-解 4.41 に示すような特殊な解除装置を用いることで数 cm 程度でも緊張力の解除が可能であるが，解除後の戻り量が大きい場合，調査後の再緊張が困難となり復旧ができなくなる。解除後の戻り量は，テンドン自由長および残存引張り力より予測し，復旧が可能かどうかを判断する。また，残存引張り力が設計アンカー力を超えている場合も緊張力解除ができなくなることがあるので注意が必要である。

調査本数は，表-解 4.3 に示すように，点検時の健全性判定で健全性調査が必要とされたアンカーとその周囲（上下・左右）および，それを除いた本数の 5 ％かつ 3 本以上を目安として設定する。

フロー:
- リフトオフ試験
- P_e 判定： $P_e \leq T_d$ / $P_e > T_d$
- δ_y 判定： $\delta_y < 30$ mm / $\delta_y \geq 30$ mm
- A 判定： $A < 50$ mm / $A \geq 50$ mm
- B 判定： $B < 50$ mm / $B \geq 50$ mm
- 頭部背面調査 → アンカー維持性能確認試験
- 実施不可

…… 残存引張り力 (P_e)
　　 設計アンカー力 (T_d)

…… 降伏荷重の90％まで載荷した場合の伸び量 (δ_y)

$$\delta_y = \frac{0.9\, T_{ys} - P_e}{A_s \times E_s} L_f$$

…… 再緊張余長 (A)
　　（図-解 4.39）

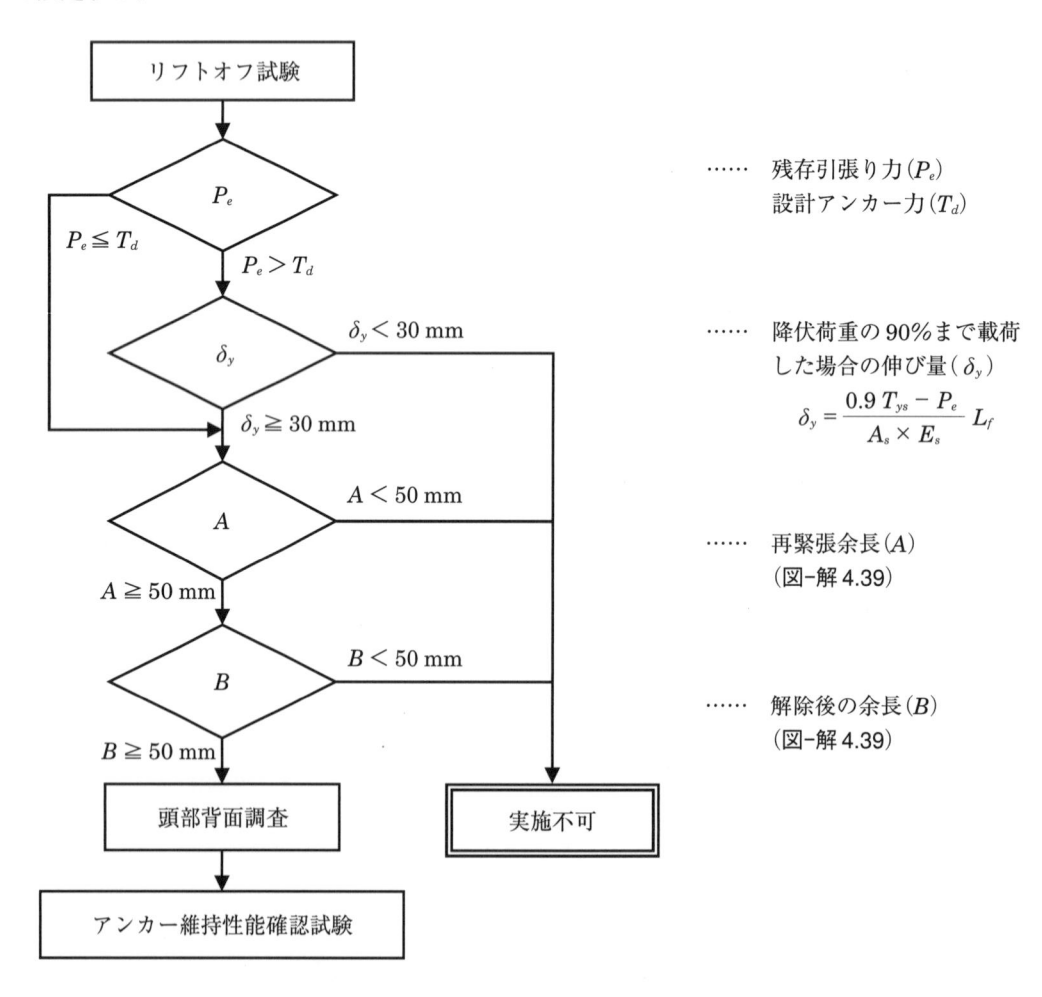

…… 解除後の余長 (B)
　　（図-解 4.39）

図-解 4.38　頭部背面調査の実施判定フロー（例）

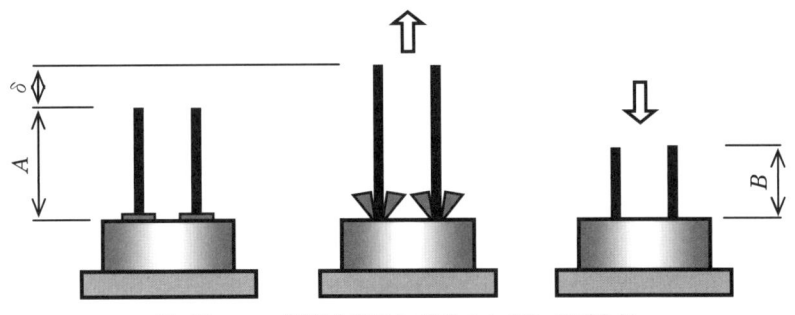

図-解 4.39　緊張力解除に伴うテンドンの戻り量

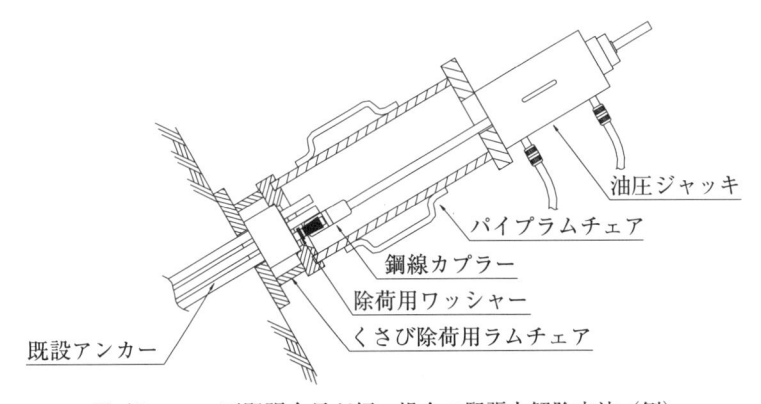

図-解 4.40　再緊張余長が短い場合の緊張力解除方法（例）

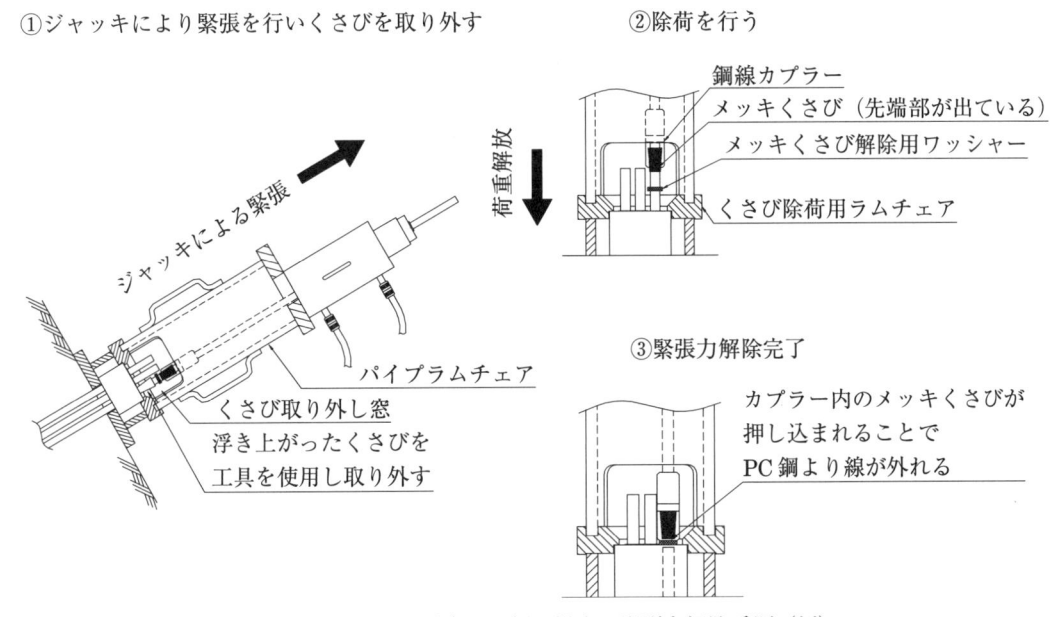

①ジャッキにより緊張を行いくさびを取り外す

②除荷を行う

鋼線カプラー
メッキくさび（先端部が出ている）
メッキくさび解除用ワッシャー
くさび除荷用ラムチェア

ジャッキによる緊張
荷重解放
パイプラムチェア
くさび取り外し窓
浮き上がったくさびを
工具を使用し取り外す

③緊張力解除完了

カプラー内のメッキくさびが
押し込まれることで
PC鋼より線が外れる

図-解 4.41　再緊張余長が短い場合の緊張力解除手順（例）

調査項目を以下に示す。
　①アンカーの頭部背面構造の調査
　　頭部背面部におけるテンドンがシースおよびその他の材料にて適切な防食がなされている場合には，有害な傷等の有無，止水性の効果を確認し，防食システム機能が発揮されているか調査する。
　②テンドンの腐食状況
　　頭部背面部のテンドンの腐食状況を確認し，錆などが発生している場合は錆の進行状態をチェックする。
　③背面部の防錆材の充填状況
　　頭部背面部に防錆油を用いているアンカーの場合には防錆油の質，量等を確認する。なお，防錆油の変質，変色については **4.3.6 防錆油の試験** にて解説する
　④地下水等の混入状況
　　テンドンが水浸になっていないか，泥などの異物混入の有無等の状況を確認する。
　⑤支圧板背面部の変状
　　支圧板背面部の変状，コンクリートの場合には遊離石灰等の有無について調査を行う。支圧板背面部にクラックが発生している場合にはクラックスケール等にて計測を行い，発生状況についてスケッチを行う。

図-解 4.42　土砂の混入（例）

図-解 4.43　遊離石灰跡（例）

図-解 4.44　水浸（例）

4.3.5 維持性能確認試験

緊張力を解除したアンカーの引張試験を実施して，テンドンの引張強さやアンカーの引き抜き力，拘束力が設計アンカー力以上に確保されているかを確認する。

試験の本数は，前述の頭部背面調査を実施したアンカーすべてについて実施するものとする。

アンカーの健全性は，外観調査や頭部詳細調査，リフトオフ試験などで変状の有無や腐食の進行状態，および荷重の変化などの現状の確認は可能である。しかし，外的要因などで残存引張り力が減少してしまったアンカーなど，それだけで健全性に問題があるアンカーであるとは一概に判断できない場合がある。維持性能確認試験は，現状のアンカーが設計アンカー力に対して今後も適応可能かどうかを品質保証試験に準処した試験により判定するものである。

維持性能確認試験は，品質保証試験にならって多サイクル確認試験に準じた試験を標準とする。ただし本試験の場合，残存引張り力より大きな引張り力を載荷することが多いため，腐食の進行状態などによってはテンドンが破断して現在機能しているアンカーを破壊してしまう可能性もあるので，計画最大荷重の設定など試験の計画には十分な注意が必要である。

1) 載荷方法と測定項目

計画最大荷重は，品質保証試験の多サイクル確認試験に準じて，常時の設計アンカー力の 1.5 倍，または地震時の設計アンカー力の 1.0 倍のうち大きい方の荷重を超えない範囲で，かつテンドンの降伏引張り力の 90 ％以下として設定する。また記録がない場合など，設計アンカー力が不明な場合は，テンドンの降伏引張り力の 90 ％以下として設定する。ただし設定に際しては，テンドンの腐食等により引張り力が低下している危険性があるため，頭部詳細調査や頭部背面調査の結果，特にテンドンの状態を十分に考慮して，専門技術者がこれを定めるものとする。

初期荷重は，計画最大荷重の約 0.1 倍を標準とする。ただし，計画最大荷重が小さい場合などは，緊張ジャッキおよび測定機器が安定する荷重以上とする必要がある。

荷重段階は，品質保証試験の多サイクル確認試験に準じて，初期荷重から計画最大荷重までの間を 5 段階に分け，荷重制御による多サイクル方式で載荷する。表-解 4.8 に載荷方

表-解 4.8 載荷方法

荷重段階数	5 段階	
サイクル数	5 サイクル	
初期荷重	計画最大荷重の約 0.1 倍	
載荷速度（目安）	増荷重時 ： $\dfrac{計画最大荷重}{10 \sim 20}$ kN/min の一定速度	
	減荷重時 ： 増荷重時の 2 倍程度	
荷重保持時間（目安）	新規荷重段階	10min 以上の一定時間
	履歴内の荷重段階	粘性土 ： 2 min 以上の一定時間 岩盤・砂質土： 1 min 以上の一定時間

表-解 4.9 計測時期

新規荷重段階	0, 1, 2, 5, 10 min 後
履歴内の荷重段階	粘性土　　　：0, 1, 2min 後 岩盤・砂質土：0, 1min 後

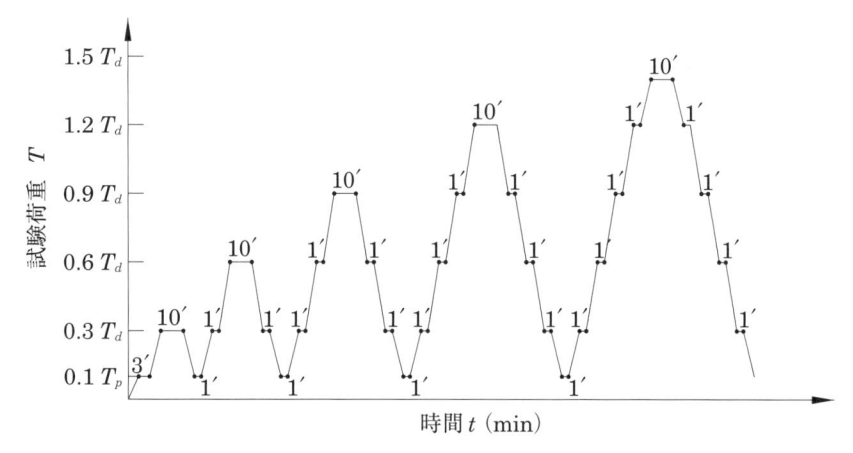

ここに T_d：設計アンカー力，T_p：計画最大荷重

図-解 4.45 載荷計画（例）

法，表-解 4.9 に計測時期，図-解 4.45 に載荷計画の一例を示す．

各荷重段階における計測は，荷重，変位量，時間などについて行う．

2) 試験結果の整理と判定

荷重―変位量測定結果は図-解 4.46 の例に示すような荷重―変位量曲線，弾性・塑性変位量曲線を作成する．

作成したグラフの荷重―変位特性より見かけの自由長や，設計アンカー力に対する安全性を確認する．また，必要に応じて一定荷重段階での保持時間からクリープ係数を算定し，長期安定性などの判断を行う．

3) 試験時の安全対策

試験中（荷重載荷―除荷時）はリフトオフ試験時と同様に，ジャッキの緊張方向に立ち入らないようにする．また，テンドンの破断などによる飛散・接触事故等が起こらないように，ジャッキ緊張方向および影響範囲の防護養生を施す．可能な場合には，影響範囲の立入り禁止措置の実施が望ましい．

維持性能確認試験結果

アンカー No.	A-＊＊		試験年月日	2007年7月1日
【アンカー諸元】				
アンカー種別(工法)	○○永久アンカー工法		設計アンカー力	800.0 kN
テンドンの仕様	φ12.7×8		定着時緊張力	560.0 kN
テンドン断面積	789.7 mm²		残存引張り力	415.0 kN
テンドン弾性係数	192.0 kN/mm²			
アンカー自由長	24.0 m		試験時自由長	25.2 m
アンカー体長	8.0 m			

各荷重段階での最大荷重 (kN)	T_d	初期荷重	第1段階	第2段階	第3段階	第4段階	第5段階		
	800.0	100.0	240.0	480.0	720.0	960.0	1,100.0		
頭部変位量(mm)		0.0	21.4	59.8	102.9	148.6	180.2		
弾性変位量(mm)		0.0	19.8	57.0	98.8	142.7	171.6		
塑性変位量(mm)		0.0	1.6	2.8	4.1	5.9	8.6		
理論伸び量(mm)		0.0	23.3	63.2	103.0	142.9	166.2		
上限値(mm)		0.0	25.6	69.5	113.4	157.2	182.8		
下限値(mm)		0.0	20.9	56.8	92.7	128.6	149.6		

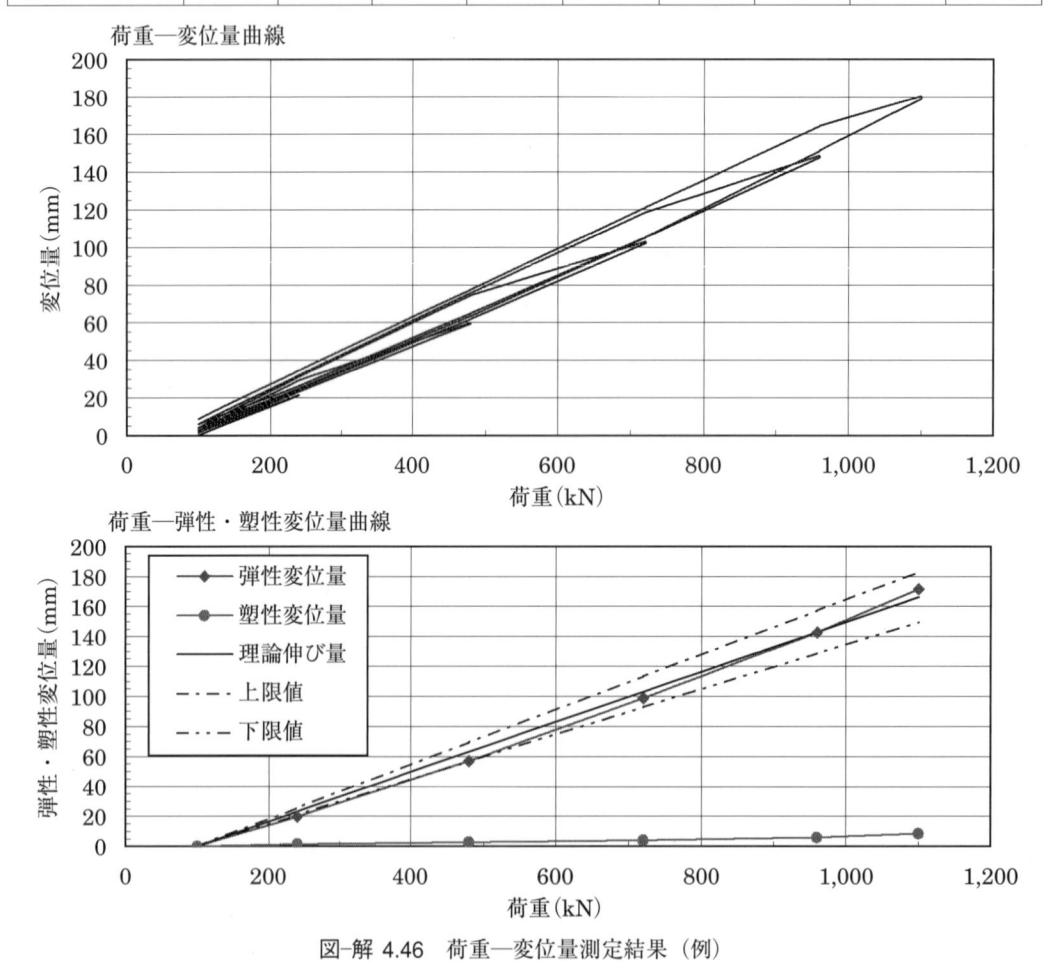

図-解 4.46 荷重—変位量測定結果（例）

4.3.6 防錆油の試験

防錆油は，主にテンドンの防錆を目的として使用され，頭部，頭部背面，アンカー自由長部等に使用されている。防錆油は，金属表面に基油と添加剤の効果によって強固な油膜を形成し，酸化を遅らせる効果がある。

頭部詳細調査や頭部背面調査の結果，色相の変化が確認された場合，資料を採取し，防錆油の調査を行う。試験は，防錆油販売元等に持ち込み，JIS で定められた方法で物性試験を行う。防錆油の劣化が確認された場合は，劣化した原因を取り除いた後に，新たな防錆油と交換する。

(1) 防錆油のタイプ

防錆油は，グリース類とペトロラタム類に分かれる。それぞれの特徴を表-解 4.10 に示す。グリース類は融点が高いことから頭部や頭部背面など，熱の影響を受けやすい個所で使用することが多く，ペトロラタム類は比較的温度変化の少ないアンカー自由長部で使用されることが多い。

表-解 4.10 防錆油の材料の構成と特徴

構成材料	特徴	
	グリース類	ペトロラタム類
基油 （ベースオイル）	防食機能	防食機能
増ちょう材	基油の保持機能	――
ペトロラタム	――	油膜調整剤
添加剤	基油の性能向上機能 錆止め剤 酸化防止剤 金属不活性剤等	基油の性能向上機能 錆止め剤 酸化防止剤 金属不活性剤等
主用途	頭部 頭部背面部	アンカー自由長部
融点	150 ℃ 以上	60 ℃ 以上

(2) 防錆油劣化の原因

目視調査で確認できる防錆油の多くはグリース類である。グリース類の劣化原因を次に示す。

①熱：アンカー頭部は直射日光を受けることが多く，夏期は頭部キャップ内が高温になる。この場合，基油と増ちょう材の分離により，劣化が生じやすい。

②異物の混入：塵や埃が混入するとグリースの酸化が促進され，劣化が生じやすい。

③水・空気：防錆油の構造破壊や錆や腐食の発生により劣化が生じやすい。

(3) 試験実施の判定

　防錆油の試験の必要性は，頭部詳細調査や頭部背面調査による目視調査で判定する。目視調査を行う場合，使用されている防錆油の色相サンプルを用意し，調査個所の防錆油と比較する。表-解 4.11 に防錆油の色相と変質の原因を示す。色相サンプルと大きく異なる場合は試験を実施する。ただし，乳白色や黒色，赤褐色の変色がある場合は原則として交換する。施工本数が少なく，試験を行うより交換した方が経済的な場合は，物性試験を省略する場合もある。調査フローを図-解 4.47 に示す。

表-解 4.11　防錆油の色相と変質の原因

色相	状況	原因
白濁	軟化	水分の浸入による乳化現象　空気の挟み込み
赤褐色		錆の発生
赤褐色・黒色	固化	熱による劣化物生成

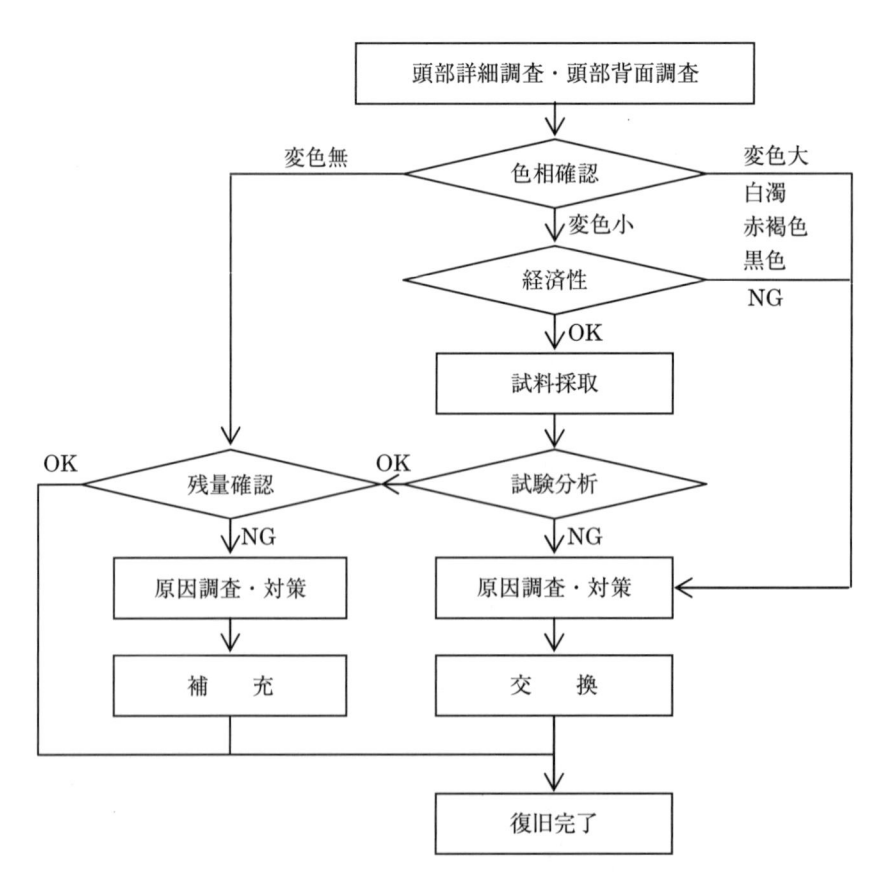

図-解 4.47　防錆油の調査のフロー

図-解 4.48 白濁・乳白色に変色した防錆油（例）

図-解 4.49 赤褐色に変色した防錆油（例）

図-解 4.50 黒色に変色した防錆油（例）

(4) 防錆油の試料採取

防錆油の試料採取は，目視点検で異常が見られる部分を中心に行う。**表-解 4.12** に物性試験に必要な採取量の目安を示す。

表-解 4.12　物性試験に伴う採取量の目安（例）

	試験項目	試験方法	採取量の目安(g)
グリース類	ちょう度(@25℃60W)	JIS K 2220 7.	500
	滴点 ℃	JIS K 2220 8.	100
	酸化安定度(99℃、100hkPa)	JIS K 2220 12.	50
	離油度(100℃、24h)	JIS K 2220 11.	50
	銅板腐食(100℃、24h)	JIS K 2220 9.	20
	湿潤試験	JIS K 2220 21.	50
	赤外線吸収スペクトル(IR)	JIS K 2246	100
ペトロラタム類	ちょう度(@25℃不混和)	JIS K 2235 5.10	500
	融点 ℃	JIS K 2235 5.3	100
	塩水噴霧	JIS K 2220 5.35	50
	赤外線吸収スペクトル(IR)	JIS K 2246	100

(5) 試験結果の判定

グリース類の酸化・劣化は水の浸入や温度変化によることがほとんどで，目視による色相検査と湿潤試験で交換の必要性は判断できるとされている。そのため，頭部や頭部背面に使用されている防錆油において試験を実施する場合，湿潤試験を必須項目とし，他の試験は必要に応じて実施する。

試験を実施した項目とそれによる品質低下の影響を**表-解 4.13** に示す。試験結果は防食効果の観点から専門家に所見を求め，総合的に判断する。充填されている防錆油の防食効果が低下していると判断された場合，原因を取り除いた後に，速やかに交換する。

表-解 4.13 防錆油の選定基準・試験項目・試験の目的・品質低下の影響

試験項目	試験の目的	品質低下の影響(1)	品質低下の影響(2)
ちょう度	基油の分離 油分の蒸発	硬化	付着力の低下 膜厚の減少
滴　　点	酸化劣化 気候（寒暖差）条件	滴下時の温度の低下	漏洩
融　　点	酸化劣化 地熱（寒暖差）条件	表面の溶出温度の低下	漏洩
酸化安定度	酸化劣化 酸化生成物の生成	増ちょう剤の酸化 基油の酸化	網目構造の破壊 軟化，漏洩
離 油 度	経年変化 高温（長期）	油分の増加	漏洩
銅板腐食	腐食性物質の混入 酸化劣化	劣化進行	腐食促進
湿潤試験	酸化劣化 添加剤の消耗	色相の変色	防食効果の減少
塩水噴霧	酸化劣化 添加剤の消耗	色相の変色	防食効果の減少
赤外線吸収スペクトル	経年変化	劣化進行	複合的な要因で防食効果の減少

4.3.7 残存引張り力のモニタリング

アンカーの残存引張力は初期緊張力導入後，時間の経過に伴い低下し，数週間でその低下は収束する。しかし，アンカー体設置地盤やアンカー定着構造物の背面地盤がクリープしやすい性質を持っている場合，緊張力は低下し続ける。逆に，地盤強度の低下による土圧の増大，斜面の滑動，地下水位の上昇，凍土，応力解放および地盤の膨張などにより，設計アンカー力以上の残存引張力が作用する場合もある。アンカーにかかる緊張力が所定のレベルを超えるとテンドンの破断，アンカーの引き抜けにつながり，斜面崩壊，構造物破壊，さらに第三者災害などに発展する危険性があり，そのような状況に陥らないように残存引張力を測定し，危険性がある場合，早期に対策を講ずる必要がある。

残存引張力の測定方法としては，アンカー緊張時に荷重計を設置する方法とリフトオフ試験によって確認する方法がある。各方法の特徴を示す。

① 荷重計による残存引張力計測
・荷重計設置後容易に計測が可能
・残存引張力の経時変化が測定可能
・気象条件による影響が推測可能
・有線，無線などを利用して集中管理が可能
・耐用年数を超えた荷重計は交換が必要

② リフトオフ試験による残存引張力測定
・定められた日時のアンカー残存引張力が計測可能
・任意の場所で測定が可能
・測定に時間が必要
・頭部処理の種類やアンカータイプによっては計測不可の場合あり

施工後のアンカーを維持管理するためには荷重計測は重要であり，各メーカーからさまざまな荷重計が販売されている。各荷重計は測定精度やコストに差があり，アンカーが設置されている環境，計測の目的に適した選択が必要である。荷重計の分類と概要を表-解 4.14 に示す。

表-解 4.14 荷重計の分類と概要

計測形式	①歪みゲージ式荷重計	②差動トランス式荷重計	③油圧ディスク式荷重計
計測原理	円筒形の起歪部に取り付けた歪みゲージを介して電圧に変換して，一般の歪み測定機器を用いて計測する。	一次コイルと二次コイルおよびその中心部にある磁性体で構成されたトランスである。その両者の誘導電圧差を計測することにより軸力を計測する。	ディスクの構造は，金属薄板の2枚を溶接して，その中に作動油を充填したものである。ディスク内の油圧力から軸力を計測する。
性能	適用荷重：〜5,000kN 温度制限：−10〜+60℃	適用荷重：〜2,000kN 温度制限：−30〜+80℃	適用荷重：〜1,600kN 温度制限：−30〜+60℃

① 歪みゲージ式荷重計

アンカーの荷重計測器としては，最も一般的に使われてきたものであり，信頼性の高い方式である。この計測器は室内試験に使用していたものであることから，当初は，現場での耐久性に問題があった。しかし，歪みゲージの張付け方法の変更や，防水構造にすることにより，耐久性は向上し，現在に至っている。また，アンカーを定着する場合は，室内試験と異なり，偏芯荷重が加わるという問題がある。そこで，ある程度の偏芯荷重が加わっても安定した計測結果が得られるように，貼付ける歪ゲージの枚数の増加や上下に剛性の高いフランジを付けるなどの改良を施している。
（図-解 4.51）

図-解 4.51
歪みゲージ式荷重計（例）

② 差動トランス式荷重計

差動トランス式荷重計は，その測定原理から，湿度にほとんど影響されない特性を有している。そのため，アンカーの軸力測定のような長期間にわたる現場での測定に適している。さらに，差動トランス式荷重計は，比較的温度変化による影響を受けにくいことから，季節や時刻の影響を受けずに安定した測定結果を得ることができる。（図-解 4.52）

図-解 4.52
差動トランス式荷重計（例）

③ 油圧ディスク式荷重計

油圧ディスク式荷重計が他の計測器と大きく異なる点は，計測器の厚さが他のものに比べて薄く，比較的安価な点である。計測器が薄いことにより，頭部や頭部背面の処理に特殊な部材を必要としない。計測器本体における耐久性や耐候性は問題ないが，表示部分は，やや耐久性に劣る。そのため，必要に応じて交換する必要がある。歪みゲージ式荷重計や差動トランス式荷重計に比べ，温度変化に影響を受けやすいため，若干計測精度は劣る。
（図-解 4.53）

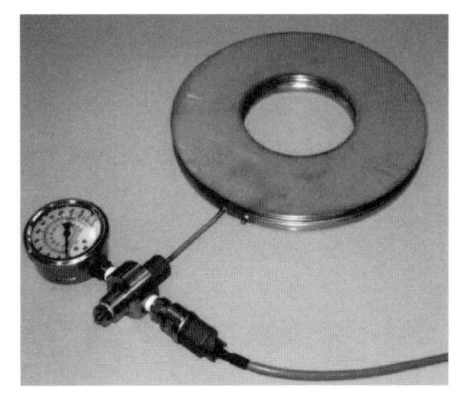

図-解 4.53
油圧ディスク式荷重計（例）

4.3.8 超音波探傷試験

(1) 超音波探傷試験の原理

　超音波探傷試験は，人間の耳には聞こえない範囲の高周波の音，いわゆる"超音波"（一般には，周波数 20kHz 以上の音波）を試験体内に発信し，その反射を利用することによって傷を探す方法である。図-解 4.54 に示すように試験体の表面（探傷面）に探触子を接触し，探触子中の振動子によって発生した超音波パルスが探傷面と垂直に試験体中を伝播し，超音波パルスが試験体中の傷や端面などの反射要因にぶつかると反射波（エコー）が戻ってくる。また，探傷面から超音波パルスを送り込んだ瞬間から超音波パルスを受信した瞬間までの経過時間を測定することにより，傷や端面などの反射源までの距離を知ることができる。超音波パルス信号は，一般に探傷器に図-解 4.55 のように表示されるが，図中の発信パルスを T，傷からの反射エコーを F，試験体の底面での反射エコーを B として，傷エコー G のビーム路程 W_F から傷の深さ位置が，底面エコーのビーム路程 W_B から試験体長が確認できる。また，各反射源から戻ってきた超音波パルス信号の強さがエコー高さとして表示される。

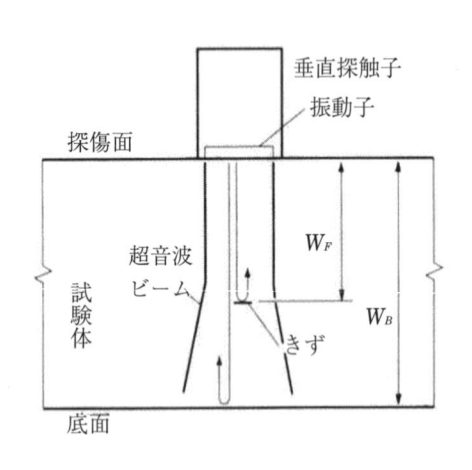

図-解 4.54　超音波探傷の模式図

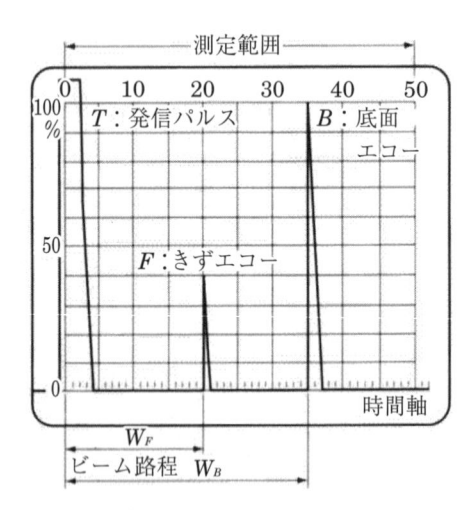

図-解 4.55　画面の表示（例）

　これらの原理を応用し，アンカーの健全性調査に用いた場合の模式図を図-解 4.56 に，実際の現場における調査の状況を図-解 4.57 に示す。アンカーは，その構造のほとんどが地中に埋設され，外部から確認できるのはアンカー頭部のみである。このため，アンカー頭部からのみアンカーの延長方向のテンドンの状態を調査する手法として，超音波探触子をアンカー頭部のテンドン端面に当て，テンドンの延長方向に超音波パルスを発信することにより，テンドンに発生したクラックや破断等を探傷するものである。

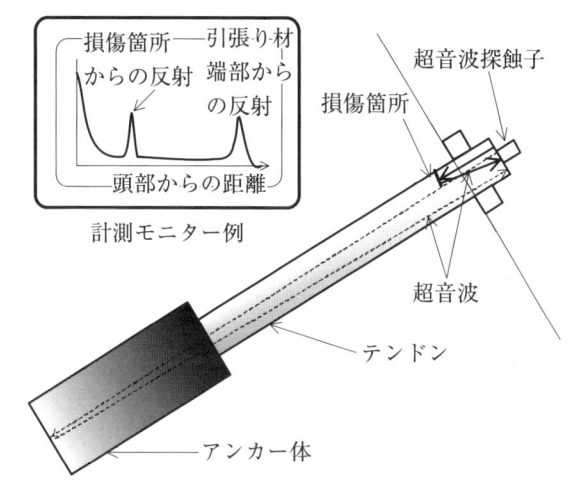

図−解 4.56 超音波探傷試験による健全性調査の模式図

図−解 4.57 アンカーの超音波探傷試験の状況

　アンカーのテンドンとして，一般に PC 鋼棒や PC 鋼より線が用いられるが，これらが長期間，地下水等の腐食環境に曝されると，テンドンに負荷されている荷重と腐食の相互作用により，テンドンが破断に至ることがある。すなわち，静的な荷重が継続的に負荷される鋼材が腐食環境に置かれると，ある時間経過した後に，ほとんど塑性変形を伴わずに破壊する遅れ破壊という現象を引き起こすことがある。一般に，鋼材が遅れ破壊を起こす過程において，図−解 4.58 に示すように鋼材のある部分にクラックや腐食孔が形成されるといわれている。このようなテンドンに発生する微細なクラックなどを事前に確認することにより，テンドンの破断の可能性を判断し，破断の防止または破断による被害防止のための対策を施すことができると考えられる。このようなクラック等を事前に確認する手法として，超音波探傷試験を活用するものである。

（a）応力腐食割れ　　　　（b）水素脆性割れ

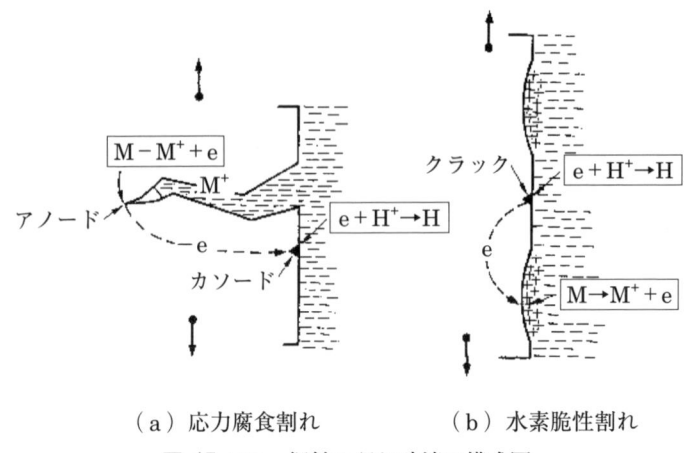

図-解4.58　鋼材の遅れ破壊の模式図

(2) 超音波探傷試験の評価

アンカーの超音波探傷試験は，測定方法やアンカーの各種要因により，試験結果や適合範囲に大きく影響する。このため，超音波探傷試験の結果のみでアンカーの健全性を評価することが難しい場合が多く，アンカーの腐食環境や状態，リフトオフ試験や維持性能確認試験結果などから総合的に判断することが望ましい。

(3) 超音波探傷試験の精度

超音波探傷試験のような非破壊試験の試験結果の精度は，試験技術者の技量に大きく左右される。このため，(社)日本非破壊検査協会では，試験技術者の技術レベルを一定以上とすることを目的として，技術者の技量認定試験を実施している。アンカーの超音波探傷試験においても，JIS Z 2305（非破壊試験—技術者の資格及び認証）に基づいて(社)日本非破壊検査協会が認定する非破壊試験技術者（超音波探傷試験）により行われることが望ましい。

第 5 章　アンカーの対策工

5.1　対策工の基本的考え方

> 健全性調査結果から，対策が必要と判断されたアンカーについては，その度合いに応じて各種対策を選定し，対策を講じるものとする。
> 対策工の目的として耐久性向上対策，補修・補強，更新，緊急対策，応急対策などがある。

　グラウンドアンカー設置時には，設計供用期間を通じて必要とされる性能を確保すると考えられていたが，何らかの理由により，調査時点において，すでに供用上必要なレベル以下まで性能が低下しているアンカーや性能が低下する恐れのあるアンカーに対しては，何らかの対策を講じて，設計供用期間内での性能を確保する必要がある。

　調査時点では，設計供用期間内での性能を確保できると判断した場合でも，供用期間を延長する必要があるときなどは，何らかの措置を施すこともある。

　新たに対策工を設計する場合には，当初設計時の条件にとらわれずに，最新の情報や現状の挙動を評価して適切な方法を選定する。

　選定する工法は，グラウンドアンカーの現状復旧にかかわらず，他の適切な工法との組み合わせについても考慮する。特に，健全性に問題があると判定されて対策を講じる場合は，アンカー工を選定したこと自体に問題があった可能性もあることから，アンカー工の適否についても十分検討する。

　アンカーの健全性調査は，アンカー1本毎に健全性を評価するが，対策工を検討する際には，複数の共通な要因がある場合や，アンカーされる構造物が劣化した場合には複数のアンカーについて群として対策工を検討する必要がある。さらに，その対策工はアンカー以外の方法を検討することもある。

　アンカーの対策を実施する際に斜面全体に問題がある場合には，まずその原因を除去する。原因が除去できない場合は，アンカーの適用の適否についても検討する。

　アンカーの対策を実施する範囲を決定する際には，個々のアンカーの劣化の状況だけでなく，斜面・構造物等全体を考慮して定めるとよい。健全性に問題のあるアンカーに対策を講じる場合に，併せて問題のないアンカーに対する耐久性向上対策を実施することで斜面・構造物等を延命化することができる。

　アンカーに著しい損傷が発生し，そのままでは第三者への被害の発生が懸念される場合には，当面の安全の確保のために緊急対策を講じる。

　本格的な対策には時間や費用を要する場合に，より合理的で効率的な維持管理を行うために，

当面の性能の低下を防ぐ目的で応急復旧を行うことで恒久的な対策の実施を遅らせてもよい。

5.1.1　正常なアンカーと対策工の必要なアンカー

（1）正常なアンカー

　正常なアンカーは，図−解 5.1 のように，供用当初は供用上許容されるレベルに対して劣化や異常時作用などを考慮して余裕のある性能を有しており，経年変化とともにその性能が低下していく。図中に示した使用限界とは，供用するのに必要な性能を示し，終局限界とは，許容できる限界の性能を示している。

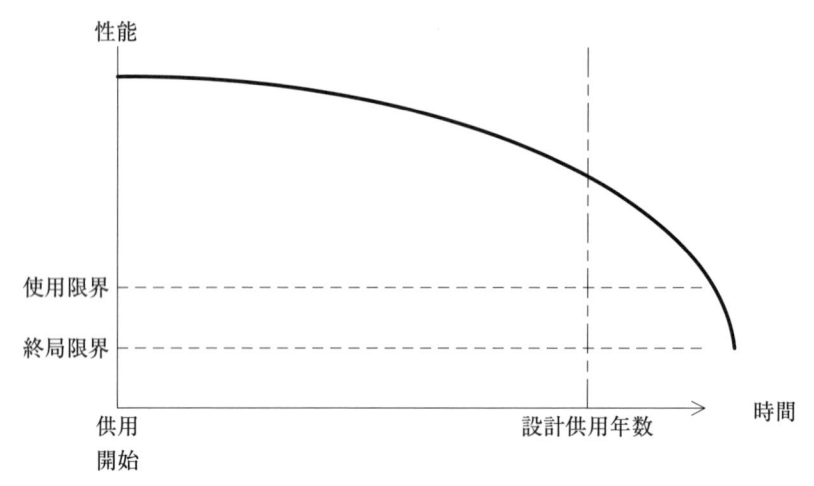

図−解 5.1　正常なアンカーのイメージ

（2）対策工の必要なアンカー

　図−解 5.2 のように，調査時点においてすでに供用上必要なレベル以下まで性能が低下している（図中 A）か，場合によっては許容限界レベルまで性能が低下しているアンカー（図中 B）は明らかに正常とは考えられないアンカーである。また，調査時点においては供用上必要なレベルを上回っているが，設計供用期間を通じて性能が供用上必要なレベルよりは低くなる可能性の高いアンカー（図中 C）も正常なアンカーとは考えられない。

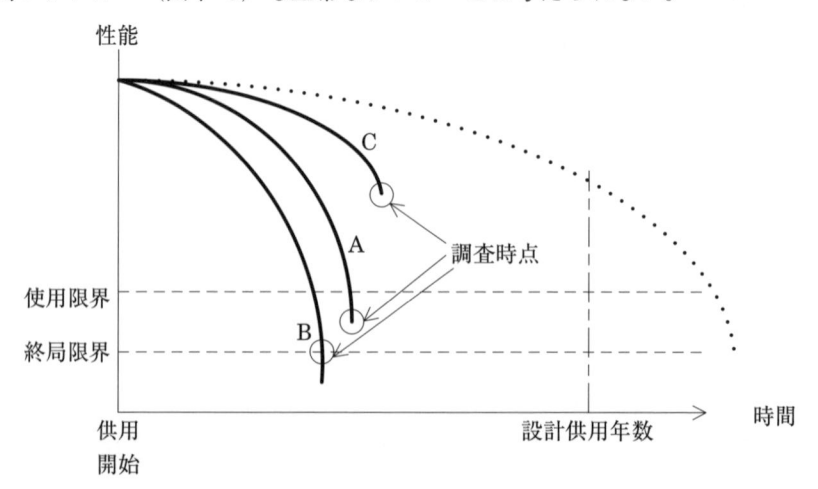

図−解 5.2　対策工の必要なアンカーのイメージ

5.1.2 対策工の選定

対策工の選定は，図-解 5.3 に従って行う。

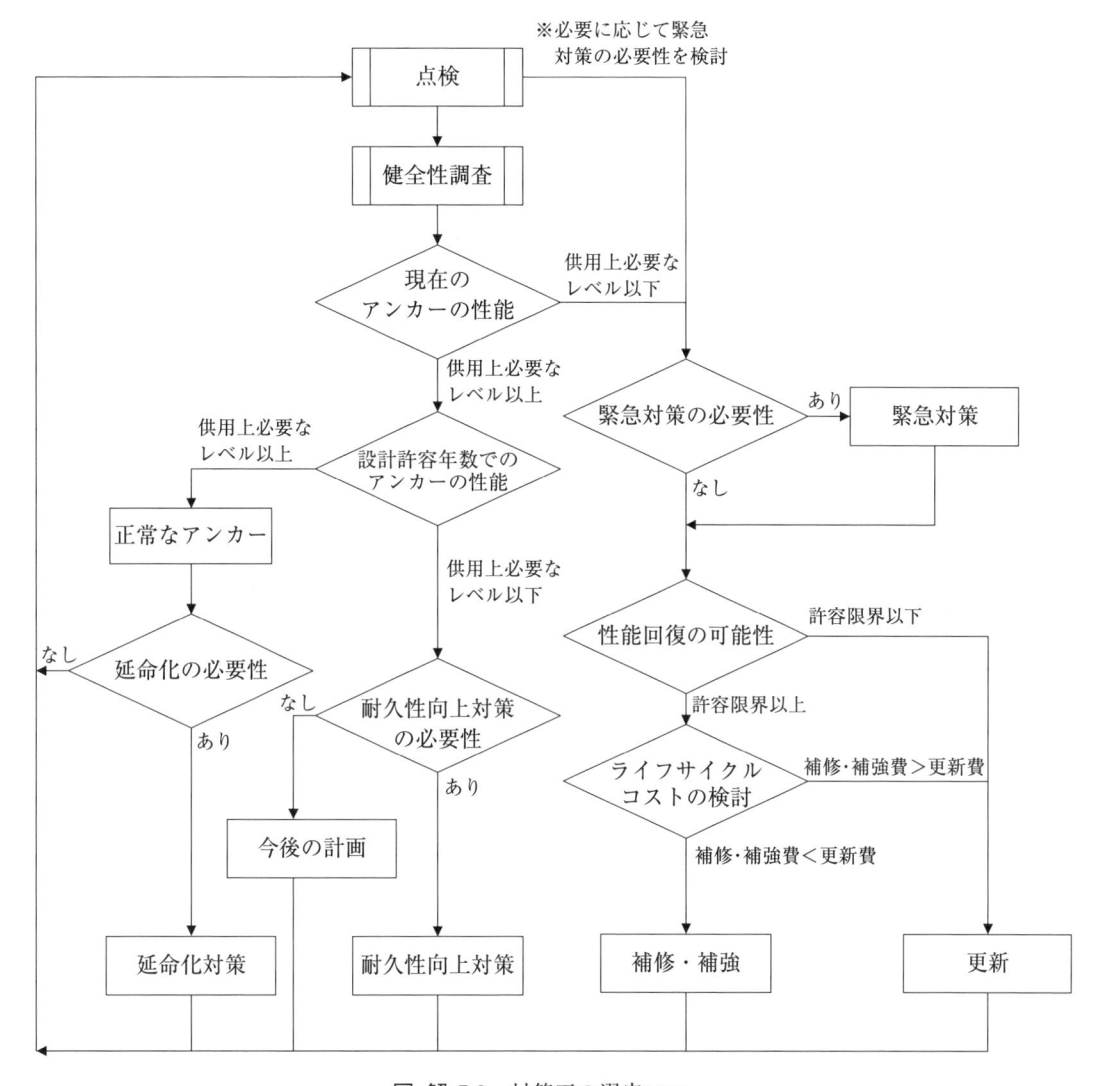

図-解 5.3 対策工の選定フロー

5.1.3 対策工の種類

アンカーの対策工としては，以下の 6 種類の対策が考えられる。
① 耐久性向上対策
② 補修・補強
③ 更新
④ 緊急対策
⑤ 応急対策

各対策の考え方のイメージを以下に記す。

① 耐久性向上対策

当初は，設計供用期間を通じて必要とされる性能は確保すると考えられていたが，何らかの理由により，調査時点において将来的には設計供用期間を通じて必要な性能を確保するのが困難と予想されるアンカーに対して，その性能を設計供用期間まで維持するために取る処置である。

耐久性向上対策の考え方としては，図-解 5.4 のように供用開始直後から性能が著しく低下し，設計供用期間内に供用上必要なレベルを下回ると想定される場合に，その性能自体は向上しないが，性能の延命化を図る措置であり，A のように一度の対策で延命化を図れる場合もあるが，B のように将来的な耐久性向上（B-2）を前提とした場合も考えられる。

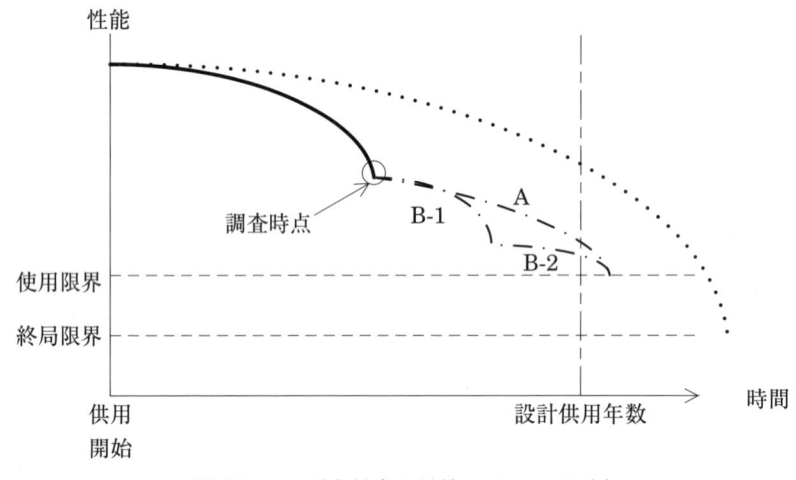

図-解 5.4 耐久性向上対策のイメージ (1)

また，図-解 5.5 のように，対策により性能自体を向上させ延命化を図る場合もある。

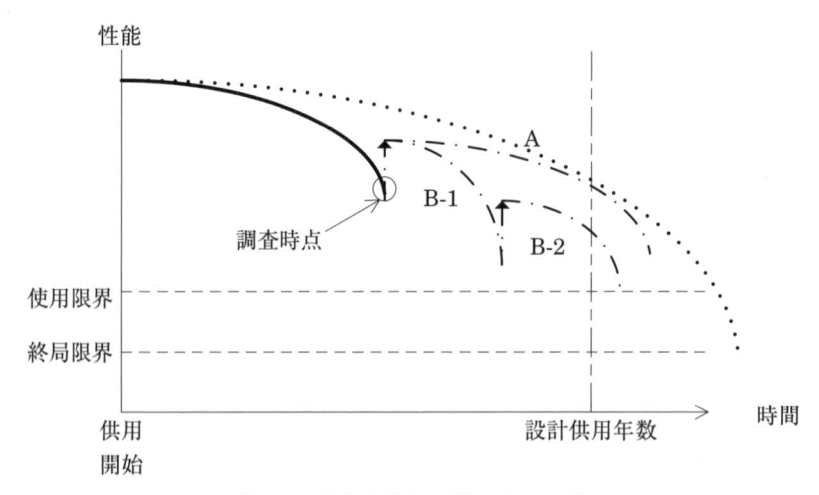

図-解 5.5 耐久性向上対策のイメージ (2)

さらに，図-解 5.6 に示すように，調査時点では正常なアンカーと同等の性能を有しているが，その後将来的には急激に性能低下が生じ，設計供用期間を通じて必要な性能が確保されないと想定される場合に，将来的な性能を正常なアンカーに近づけるため対策をする場合もある。

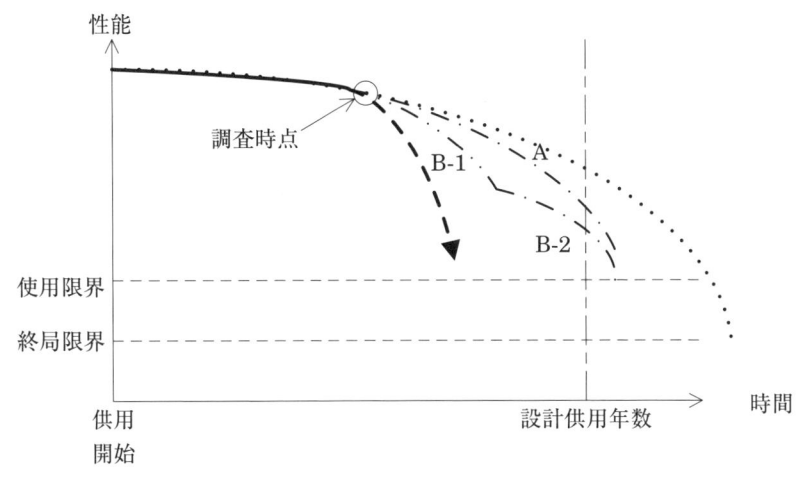

図-解 5.6 耐久性向上対策のイメージ（3）

② 補修・補強

当初は，設計供用期間を通じて必要とされる性能は確保すると考えられていたが，何らかの理由により，調査時点においてすでに供用上必要なレベルを下回る状態にあり，供用上必要なレベルまで性能の向上を図る措置である。

補修・補強は，図-解 5.7 の B のように，性能の向上を図るが，その性能レベルは供用期間を通じて必要なレベル以上を維持するのに十分ではなく，将来的に維持・補修（B-2）が想定される場合と，A のように，対策後に設計供用期間を通じて必要なレベル以上の性能を維持できるまでに性能の向上を図る場合がある。

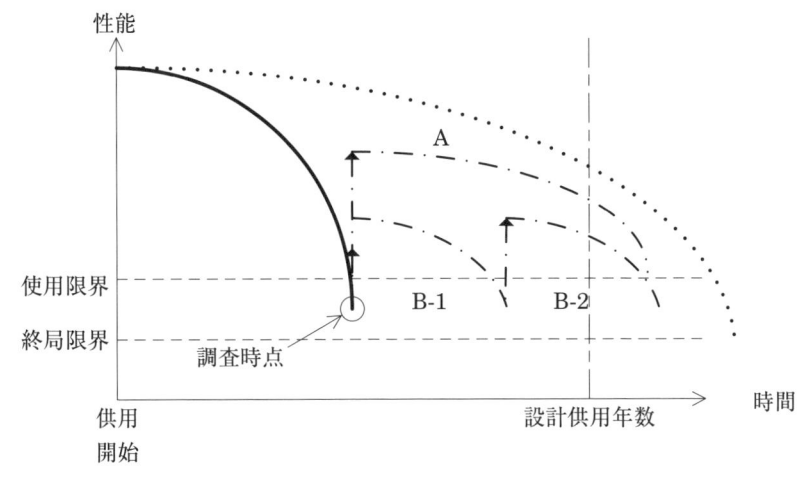

図-解 5.7 アンカーの補修・補強のイメージ

③ 更　新

調査時点においてアンカーがすでに供用上必要なレベルを下回った状態で，補修・補強により，それ自体の機能回復を図るのが困難か，またはコスト・工期上不利な場合に，新たなアンカーを打設することにより，性能の回復を図るものである。

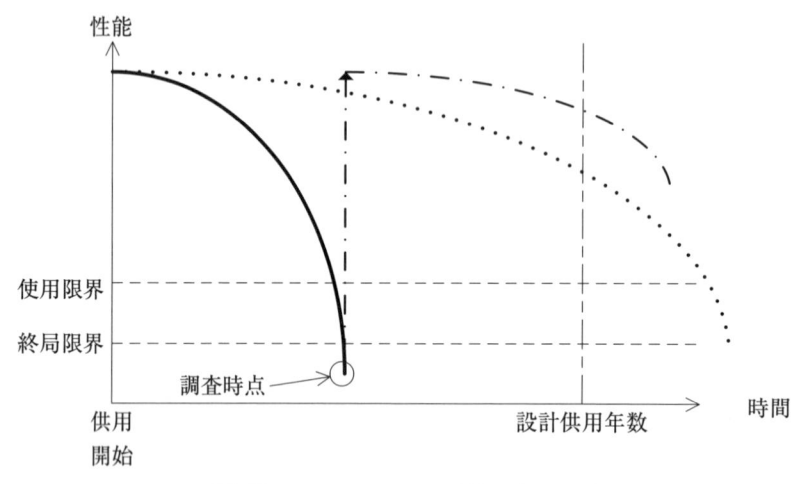

図-解 5.8　アンカーの更新のイメージ

④ 緊急対策

点検において，アンカーまたはアンカーされた構造物・斜面などが供用上必要なレベルに達し，または直ぐに達することが明らかな場合に，第三者への被害などを防ぐ目的で，緊急的に実施される処置である。図-解 5.9 に示すように許容限界レベルを下回るアンカーに対して，許容レベルを上回る程度までの迅速な対策を講じるというような対策を指す。

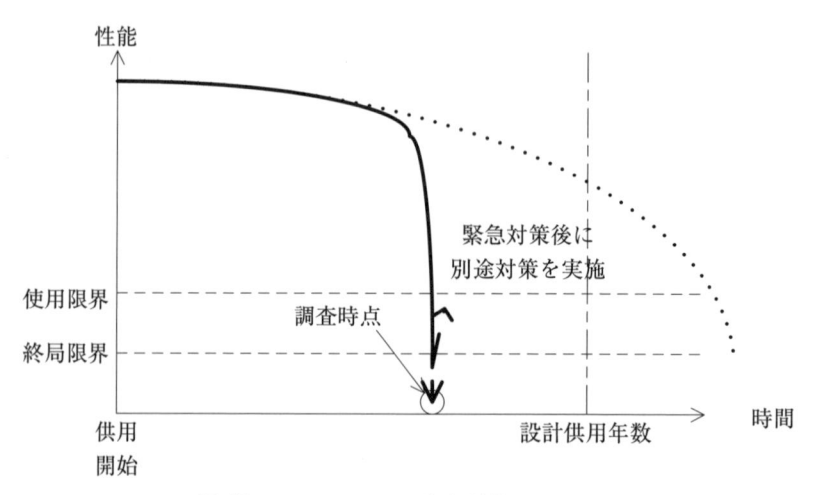

図-解 5.9　アンカーの緊急対策のイメージ

⑤ 応急対策

調査時点において，供用上許容されるレベルを下回った状態にあり，補修・補強，更新等の対策が必要であるが，本格的な対策の実施には費用面等から時間を要すると考えられる場合に，当面の機能確保や機能の低下防止のために行う処置である。図-解 5.10 に示すように，将来実施する本格的な対策のために必要な時間等を確保するために，現時点での性能レベルを維持するような対策を指す。

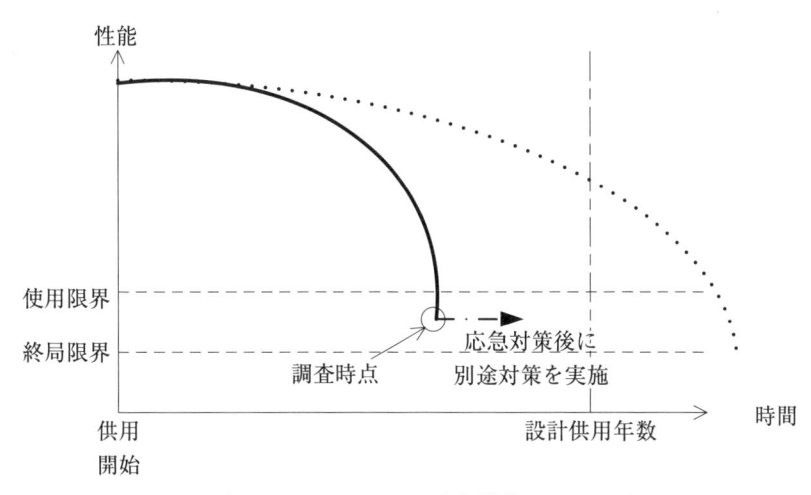

図-解 5.10 アンカーの応急対策のイメージ

5.1.4 正常なアンカーの延命化

正常とは考えられないアンカーの対策以外に，正常なアンカーが設計供用年数を迎えた，または近い将来に迎える可能性がある場合に，設計供用年数を超えて使用するために，アンカーの延命化を図る対策が考えられる。延命化により，設計供用年数を迎えたアンカーの更新を行う時期を延ばすことが可能となり，供用中のアンカーの効率的な管理が可能となる。

延命化の考え方のイメージを以下に示す。

延命化としては，図-解 5.11 のように性能低下の速度を小さくし，供用上必要なレベルにまで至る時間を延ばす対策と，図-解 5.12 のように調査時点での性能を若干上げることにより，供用年数を延ばす対策が考えられる。

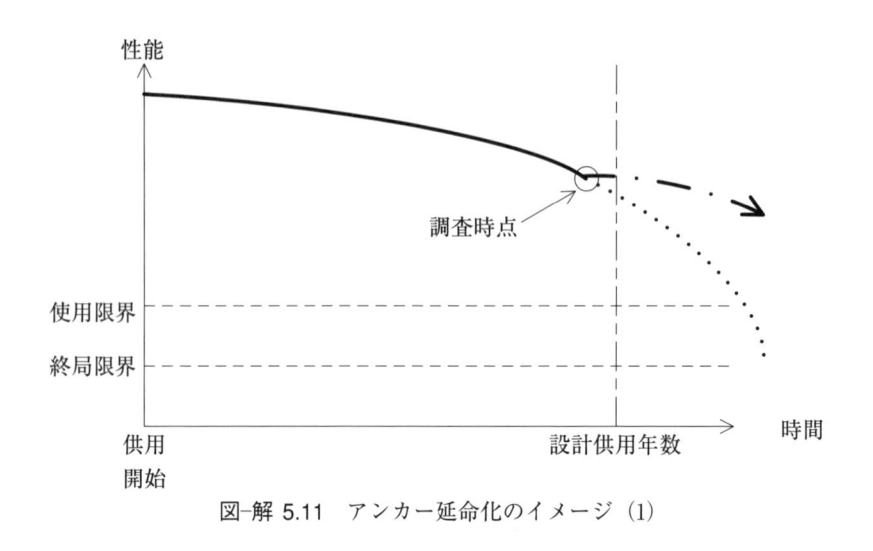

図-解 5.11　アンカー延命化のイメージ (1)

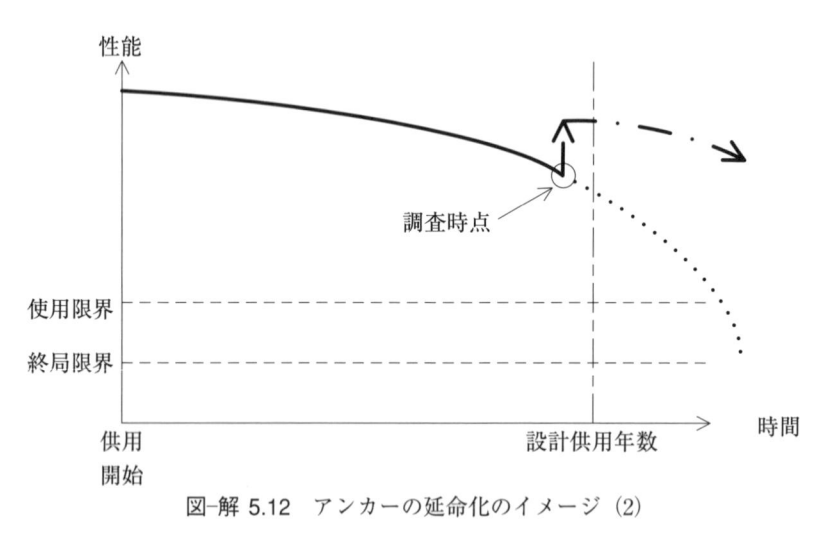

図-解 5.12　アンカーの延命化のイメージ (2)

5.2　対策工

> アンカーの対策工の選定に当たっては，**5.1 対策工の基本的考え方**を参考として，対策の目的に応じて各種対策を選定し，対策を講じるものとする。
> 対策を講じる場合には，健全性に問題が生じた原因を十分に検討し，必要な処置を行う。

　アンカーの対策工は，**5.1 対策工の基本的考え方**に基づいて，対策の目的と対策の目標性能を設定し，現在の性能レベルから目標性能レベルに向上させるために必要な対策の内容を選定するものとする。
　特にアンカーの性能に問題が生じた場合の対策を講じるに当たっては，問題が生じた原因を

十分に検討し，低下したアンカーの性能を必要なレベルにまで向上させるだけでなく，性能低下の原因を取り除くことが必要である．

また，ある対策を講じる過程において，異なる対策を併用することで，単独で実施する場合に比べて経済性や施工性を大幅に軽減して，性能を向上させることができる場合がある．例えばアンカーの再緊張や受圧板の交換などの対策を行う場合には，頭部キャップを外すことになるので，その際に防錆油の交換や損傷した頭部キャップの交換などを行うことが考えられる．このような場合は，過度の対策とならないように留意しながら対策の組み合わせを検討するとよい．

5.2.1 以降にアンカーの各種対策を施す部位や目的毎に分類して例示した．これらの対策工の特徴を十分に理解して，適切な対策工を選定するものとする．

5.2.1 防食機能の維持・向上

防食機能の維持・向上は，機能が低下したアンカーに対して，それ以上に機能が低下しないように行う処置や新たに部材の交換等を行う処置である．防食機能の維持・向上は，頭部保護と防錆油に対する対策と，テンドン，定着具，支圧板および頭部背面に対する対策の2つに大別することができる．各々の対策方法の選定例を図-解 5.13 ～ 5.14 に示す．また，防食機能の維持・向上対策の一覧表を表-解 5.1 に示す．

(1) 頭部保護

頭部保護と防錆油の対策工の選定例を図-解 5.13 に示す．

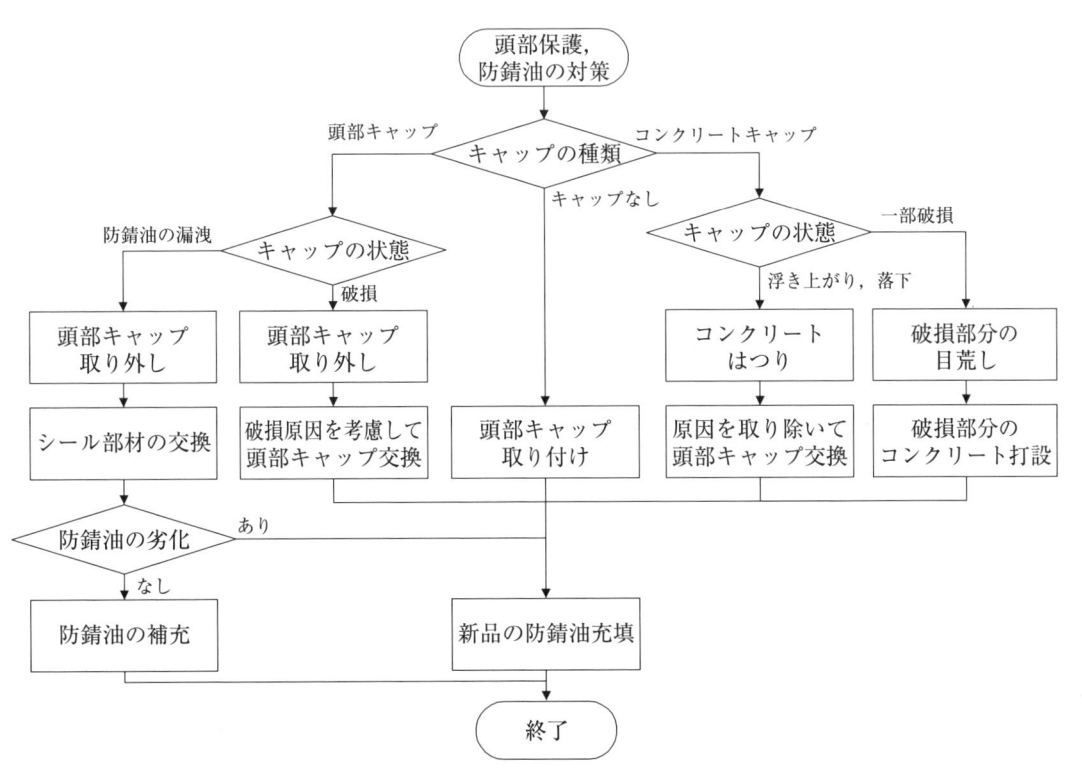

図-解 5.13 頭部保護と防錆油の対策工選定（例）

第5章 アンカーの対策工

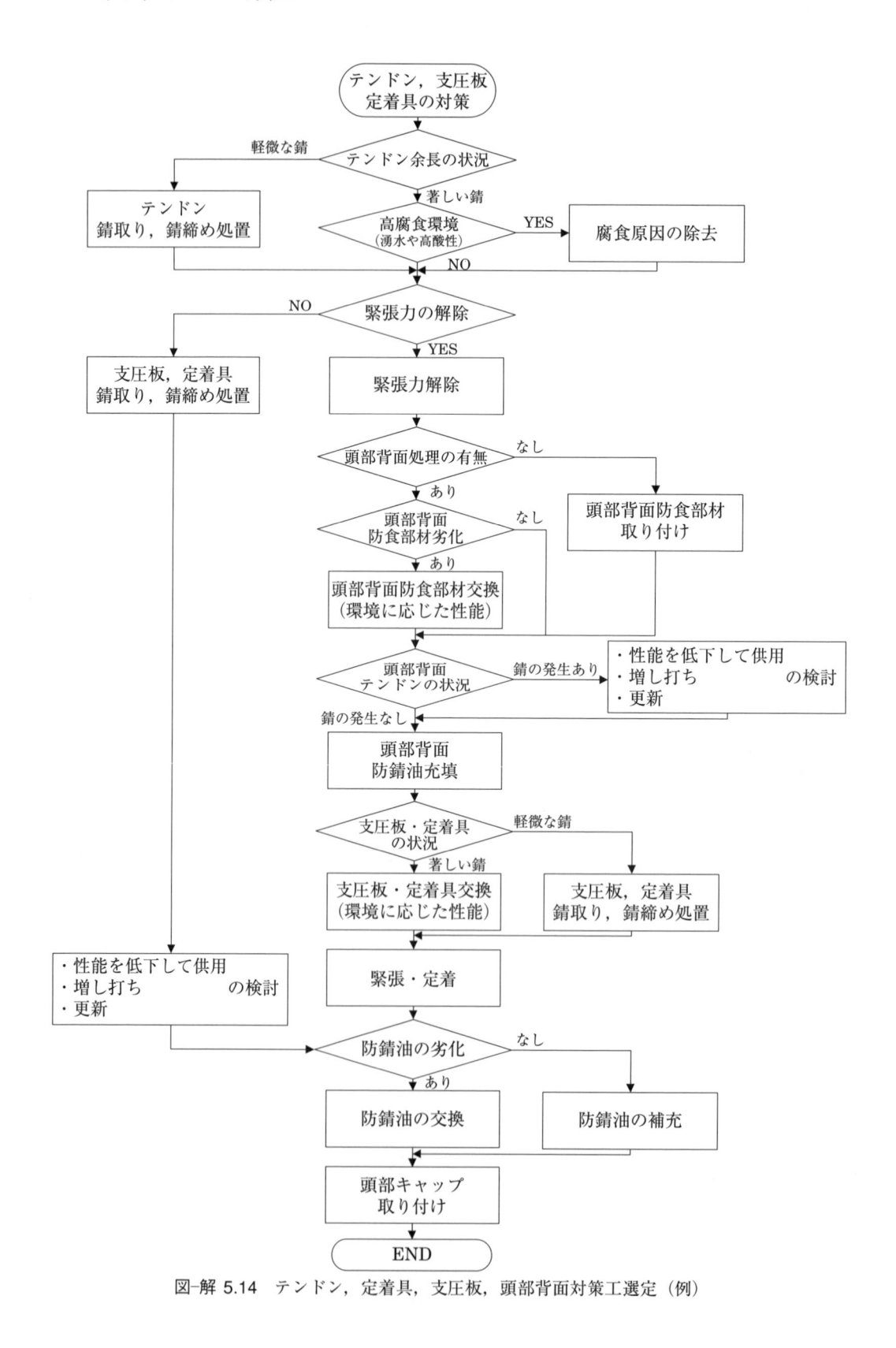

図-解 5.14 テンドン，定着具，支圧板，頭部背面対策工選定（例）

表−解 5.1 防食機能の維持・向上一覧表

対象物	状況	原因	対策方法	留意点
コンクリートキャップ	コンクリートの一部破損	落石、凍結融解、流木等の外力による破損	不良部分を取り除いて新たに打設	背面から湧水がある場合には、止水処理が必要
	コンクリートの浮き上がり、落下、破損	テンドンの破断や受圧構造物の沈下や劣化、または、頭部コンクリートの付着力不足	原因を取り除いて、頭部キャップに交換する	今後の維持管理を考慮して、コンクリートキャップを、頭部キャップに交換する。取り付け方法は、現場の実情に合わせて検討する（5.2.3 頭部対策例参照）
頭部キャップ	防錆油の漏洩	Oリングの劣化	Oリングの交換	
	頭部キャップの破損	落石、積雪、流木等の外力による破損	破損の原因を把握して、適した頭部キャップに交換	必要に応じて破損防護策を行う。今後の維持管理を考慮して、グリスニップル付の頭部キャップが望ましい
	頭部保護が行われていない	最初から計画されていない、または、荷重計を設置しているために保護されていない	オイルキャップの取付け	取り付け方法は、現場の実情に合わせて検討する（5.2.3 頭部対策例参照）
防錆油	漏洩	頭部および頭部背面の防食不良	防錆油を補充	定期的な点検が望ましい
	劣化	頭部および頭部背面の止水不良によって水や空気に接触	劣化した防錆油を除去して新品の防錆油を充填	防錆油の充填はオイルポンプを用いて、圧力をかけながら行う
テンドン	軽微な錆	キャップの損傷や防錆油の漏洩や劣化	錆の除去と錆止め処置	維持性能確認試験やリフトオフ試験により、許容引張り力を再評価することが望ましい。必要レベルに達していないときには、性能を落として使用するか、増しずりや更新を考える
支圧板	軽微な錆	錆止め処置を行っていないか、メッキ塗装の劣化や傷	錆の除去と錆止め処置	アンカーヘッドと支圧板の接する部分の対策は、緊張力を解除しないと行えない
		メッキ塗装の劣化や傷	環境に適した防錆処置を施した支圧板に交換	支圧板の交換は、緊張力を解除できる場合のみ実施できる
		湧水や強酸性などの腐食環境	劣化した防錆処置を施し環境に適した防錆処置を施した支圧板に交換	支圧板の交換は、緊張力を解除できる場合のみ実施できる
定着具	軽微な錆	頭部の保護不良	錆の除去と錆止め処置	アンカーヘッドと支圧板の接する部分の対策は、緊張力を解除しないと行えない
	錆の発生または腐食	頭部および頭部背面の防食不良	アンカーヘッドやくさびの交換	アンカーヘッドやくさびの交換は、緊張力を解除できる場合のみ実施できる
	防食接合部のシール破損	シール材やパッキンの劣化	シール材やパッキンの交換	緊張力の解除が可能な場合に対策可能
頭部背面部	頭部背面処理が行われていない	当初から計画されていない	頭部背面防食部材の取付け	頭部背面防食部材の取り付けは、緊張力を解除して実施できる
	頭部背面防食部材の錆、または腐食	湧水や強酸性などの腐食環境	原因を把握し、環境に適した防食処置を施した頭部背面防食部材に交換	頭部背面防食部材の交換は、緊張力を解除できる場合ができる
	防錆油の漏洩	シール部の劣化	止水性の良い頭部キャップに交換して、防錆油を充填	今後の維持管理を考慮して、グリスニップル付の頭部キャップが望ましい

① コンクリートキャップ

　頭部保護として実施されたコンクリートキャップが，落石や流木や草刈り作業などの外力，または，寒冷地での凍結融解などにより，一部破損した場合には，不良部分を取り除き，新たにコンクリートを打設する。

　また，コンクリートキャップが浮き上がりや落下または破損している場合がある。この原因として考えられるのは，以下の6点である。

　　i) テンドンの破断
　　ii) 受圧構造物の沈下や劣化
　　iii) 落石等による外力
　　iv) 凍上や雪荷重
　　v) 湛水面や河川での流木
　　vi) コンクリートの付着力不足

　この状態で放置しておくと，アンカーの機能がさらに低下するので，頭部保護を実施する。頭部保護は，再度コンクリートキャップを行うより，今後の維持管理を考慮して頭部キャップにより実施することを原則とする。頭部キャップを取り付ける方法は1ヵ所毎に異なっていると考えられるので，その現場に適した方法を検討して行う。なお，頭部キャップは，原則として防錆油を加圧充填することが可能なグリスニップル付のものを使用する。図-解5.15～5.16にコンクリートキャップから頭部キャップに交換した例を示す。

①ホールインアンカー打設　　　　　　　②固定用プレート取付け

③シール材取付け　　　　　　　　　　　④頭部キャップ用プレート取付け

⑤頭部キャップ取付け　　　　　　　　　⑥防錆油充填

⑦周辺部のシール　　　　　　　　　　　⑧取付け完了

図-解 5.15 アンカー頭部補修（頭部キャップ設置）（例）

106   第 5 章　アンカーの対策工

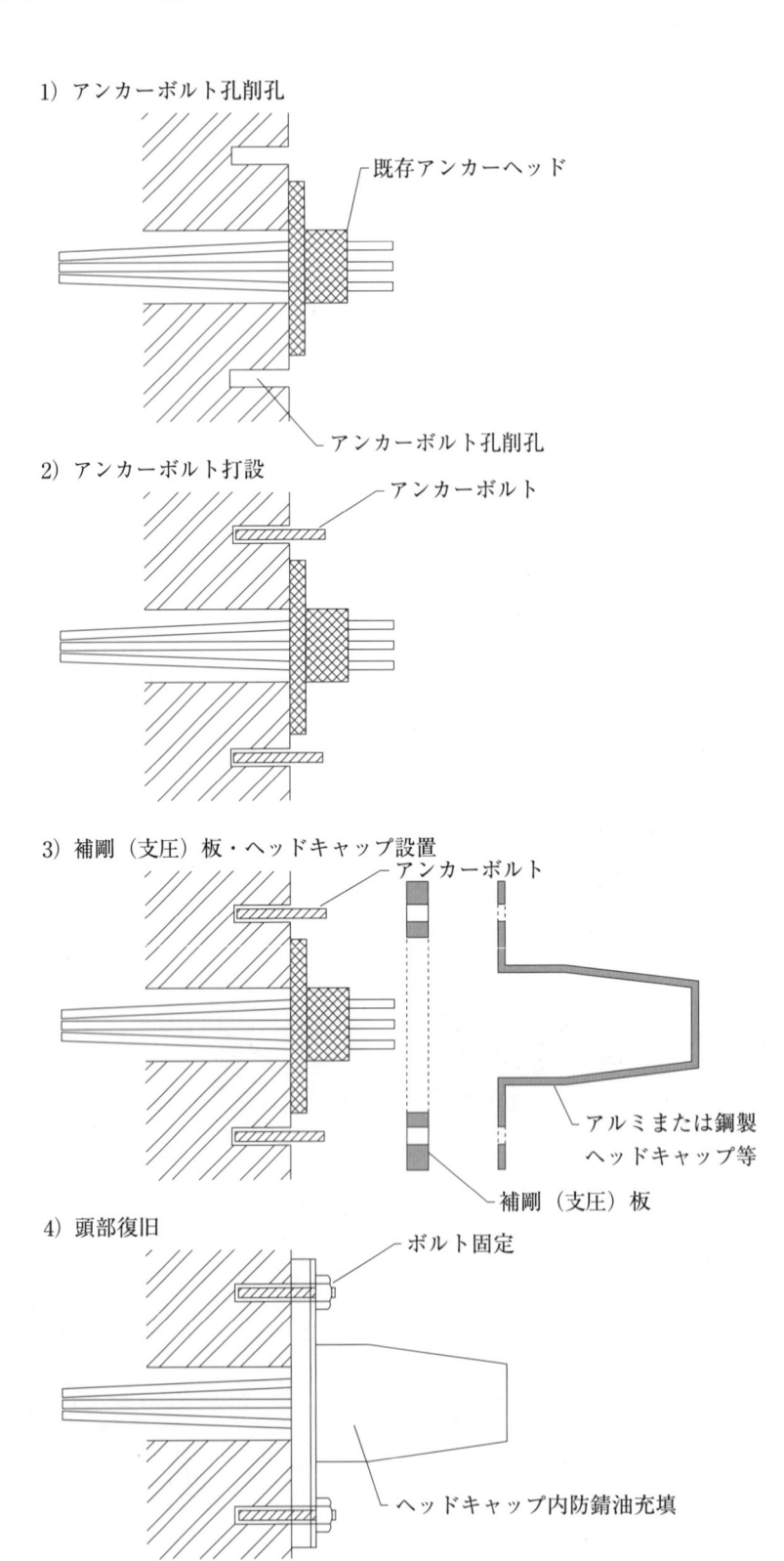

1) アンカーボルト孔削孔
   既存アンカーヘッド
   アンカーボルト孔削孔

2) アンカーボルト打設
   アンカーボルト

3) 補剛（支圧）板・ヘッドキャップ設置
   アンカーボルト
   アルミまたは鋼製ヘッドキャップ等
   補剛（支圧）板

4) 頭部復旧
   ボルト固定
   ヘッドキャップ内防錆油充填

図-解 5.16　アンカー頭部補修（頭部キャップ設置）（例）

② 頭部キャップ

　頭部キャップがテンドンの破断によって破損した場合は，テンドンの破断原因を把握して，現在のアンカーの性能を再確認する．今後も，残りのテンドンが破断する可能性がある場合には，破断時の衝撃力に対抗できる強度を有しているキャップに交換する．また，落石や積雪などの外力によって破損した場合も，その原因に適した高強度のキャップに交換する（図-解5.17参照）．頭部キャップが破損すると内部の防錆油が流出し，テンドンや定着具または支圧板が水や空気に接触するために腐食する．また，防錆油が水や空気に接触すると，防錆油自体も劣化する．したがって，破損が確認できた場合には，機能低下が進まないように，早急に何らかの処置を施すことが重要である．

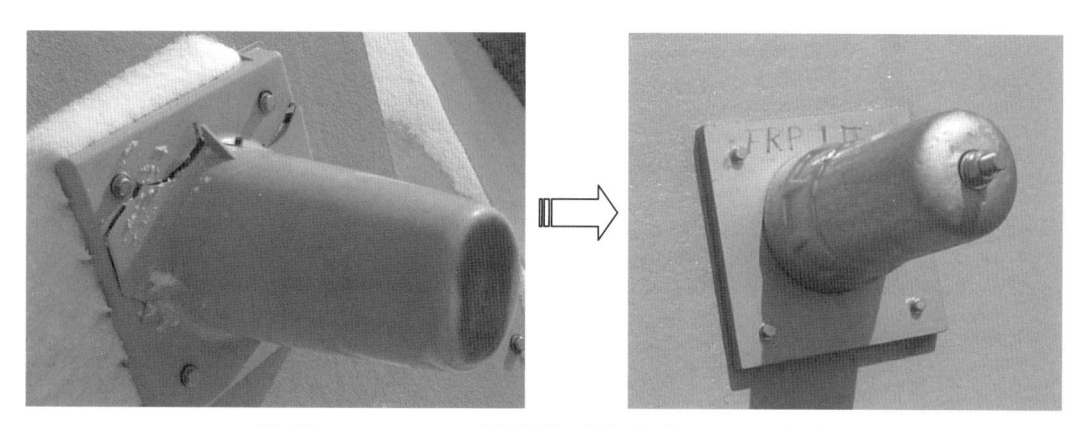

図-解5.17　アンカー頭部補修（例）（頭部キャップ交換）

③ 無保護もしくは簡易的な構造

　供用開始直後から頭部保護を行っていないものや，簡易的な保護しか行っていないものが旧タイプアンカーでは存在する．このアンカーを今後も供用する場合は，図-解5.15や図-解5.16を参考に，頭部キャップを取り付ける．

(2) 防錆油

　時間の経過とともに頭部キャップ内に充填された防錆油が外部に漏洩してくることがある．漏洩する原因として考えられるのは，頭部キャップのOリングの劣化である．また，頭部背面止水部材のシール部の劣化により，防錆油がアンカー内部に漏洩する場合もある．このまま，漏洩し続けるとテンドンや定着具の性能低下が考えられるので，Oリングや頭部背面止水部材のシール材などを交換して，防錆油を補充する．防錆油を充填する場合には，空隙が残らないように，圧力を加えながら充填するのが望ましい．

　防錆油が何らかの原因で水や空気に接触して劣化すると，テンドンや定着具の耐久性は低下する．防錆油が劣化した場合には，新しい防錆油と交換するのを原則とし，充填する場合には，上記と同様とする（図-解5.18参照）．

　また，防錆油が劣化した原因を把握して，その原因を取り除いてから，防錆油を交換することも重要である．

図-解 5.18　防錆油加圧充填（例）

(3) テンドン

　テンドンに錆が生じる原因として考えられるのは，はじめから防食を施していないか，頭部や頭部背面の防食機能が低下したためである。したがって，まず原因となる，頭部や頭部背面部の防食を確実に実施してから，テンドンの対策を行う。

　テンドン余長部に軽微な錆が生じた場合には錆をとる。また，テンドン余長部の錆が著しい場合には，維持性能確認やリフトオフ試験を行い，その結果から，現時点でのアンカーの性能を把握して対策を講じる必要がある。対策方法としては，アンカーの性能を低下して供用する方法，または，アンカーの増し打ちや更新などが考えられる。

　頭部背面部のテンドンには緊張力が常時導入されていることから，この部分に錆が生じた場合にはテンドンの破断など重大な事故につながる恐れがある。頭部背面部のテンドンに錆の発生が認められた場合には，維持性能確認試験を実施して，その結果から対策を講じる必要がある。対策方法としては，アンカーの性能を低下して供用する方法，または，アンカーの増し打ちや更新などが考えられる。

　頭部背面部の錆の状況は，緊張力を解除したときにしか把握できない。緊張力を解除できないアンカーでテンドン余長部に錆が発生している場合は，頭部背面部にも錆が発生している可能性が高い。たとえ，軽微な錆であってもテンドンの破断など大きな事故にもつながる可能性があるので，テンドンに錆が認められた場合には，十分な検討が必要である。

(4) 支圧板，定着具

　支圧板，定着具に錆が発生する原因として考えられるのは，もともと防食対策が施されてい

ないか，または防食対策を施していたが時間の経過とともにその効果が低下したためである。現在の状態でも許容性能は上回っているものの，このままの状態では，供用期間内に所定の性能を維持することが困難と判断した場合には，各部材の錆を取り，新たに錆止め処置を実施する。この処置を部材全般に行うには，緊張力を解除しないと行えない。緊張力を解除できない場合には，各部材の外側部分だけの対策を行う。軽微な錆の発生状況から，その現場環境下での耐用年数を推定することも可能であることから，定期的に点検することが望ましい。

また，支圧板や定着具がすでに許容性能を下回っていると判断した場合には，各部材を交換する方法を検討する。交換に際しては，支圧板や定着具が腐食した原因を把握して，その原因に適した部材に交換することが重要である。各部材の交換は，緊張力を解除しないと行えないので，緊張力を解除できない場合には，アンカーの性能を落として使用するなど，別途検討が必要になる。

周辺環境により腐食した場合には，その原因となる湧水などを取り除くことも重要である。さらに，強酸性地盤や温泉地または海辺などの腐食環境下の場合は，防食性能の優れた部材に交換することが必要になる。

図-解 5.19 アンカーヘッドの錆落とし（例）

(5) 頭部背面部

旧タイプアンカーでは，頭部背面処理を行っていないことが多い。アンカーの腐食調査によると，この頭部背面部の腐食が最も多いと報告されている。このことから，頭部背面処理が行われていないアンカーには，頭部背面処理を実施することが望ましい。ただし，頭部背面処理を行うには，アンカーの緊張力を解除できることが条件となる。緊張力が解除できない場合には，別途検討が必要となる。頭部背面防食部材を取付ける方法は，現場ごとに異なる場合が多いので，その都度検討するものとする。頭部背面処理方法の例を図-解 5.20 ～図-解 5.22 に示す。

110　第 5 章　アンカーの対策工

①頭部背面防食部材

②防食部材設置

③背面部防錆油充填

④アンカー定着

⑤頭部キャップ内防錆油充填

⑥頭部処理完了

図-解 5.20　旧タイプアンカーの頭部背面補修（例）

5.2 対策工　111

1. 頭部背面防食部材設置

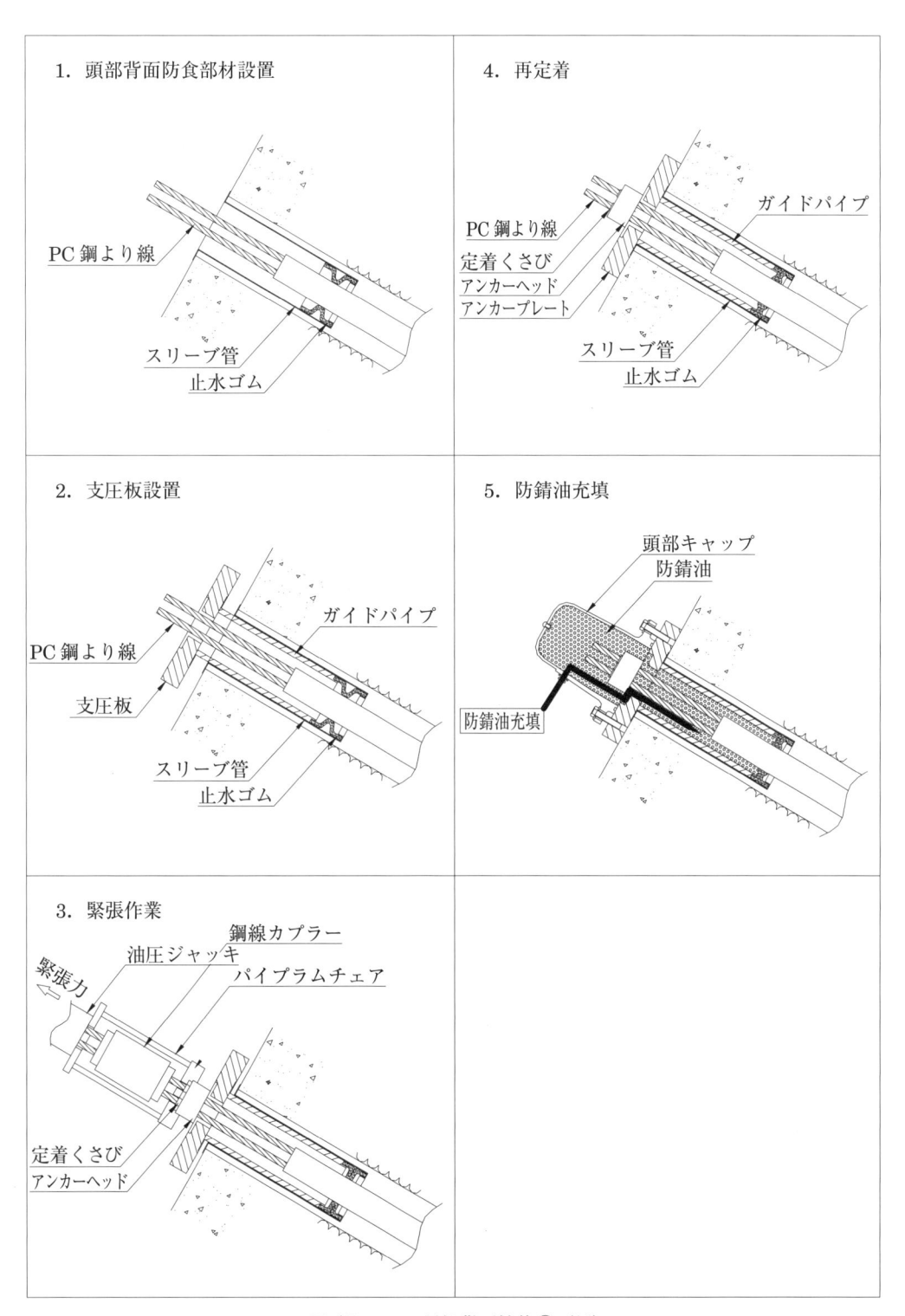

2. 支圧板設置

3. 緊張作業

4. 再定着

5. 防錆油充填

図-解 5.21　頭部背面補修①（例）

112 第 5 章 アンカーの対策工

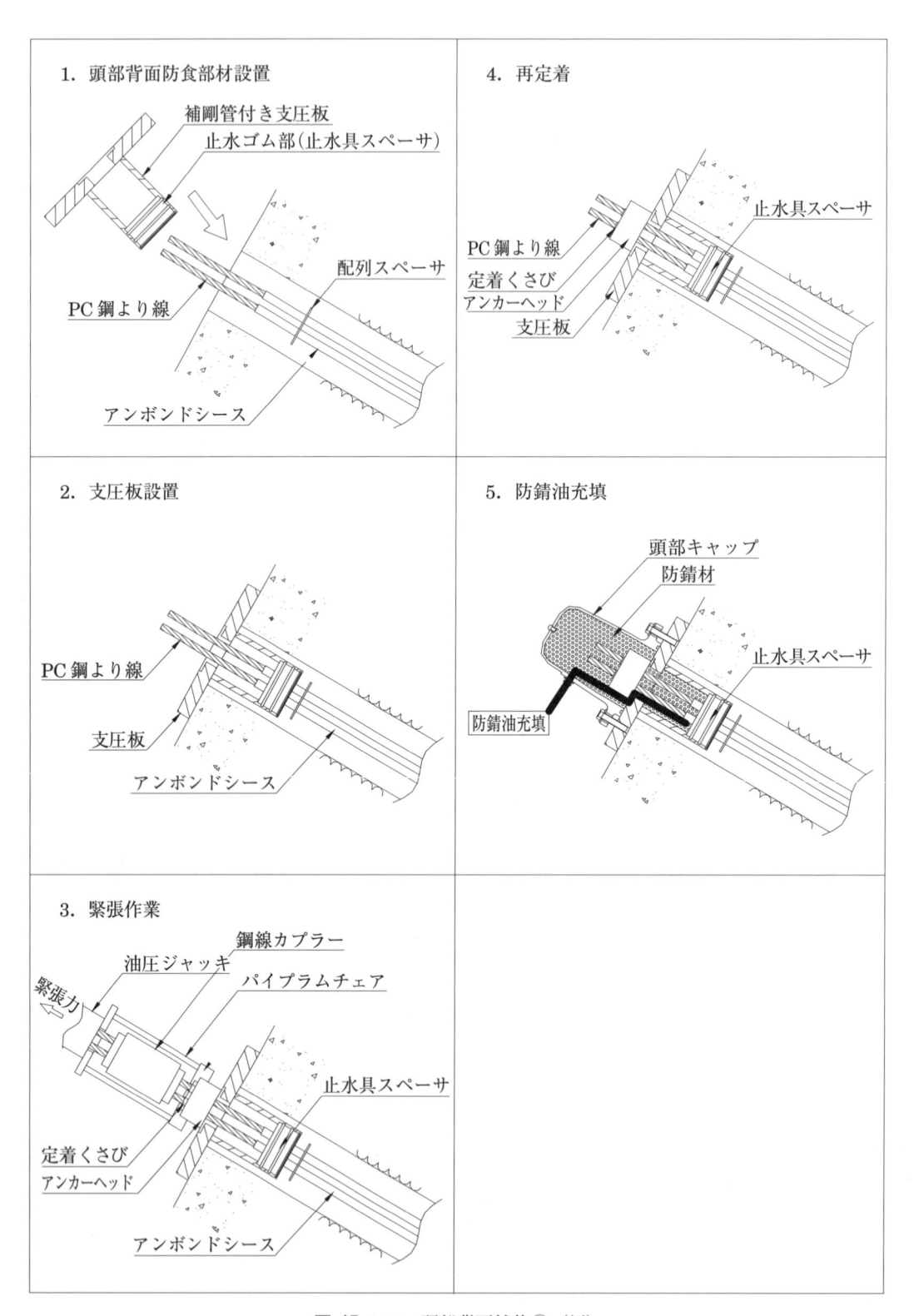

図-解 5.22 頭部背面補修②（例）

5.2.2 再緊張,緊張力緩和

　残存引張り力を健全な状態に戻すためにアンカーの再緊張・緊張力緩和を実施する。実施に際しては,緊張力の低下や増加の原因を把握することが重要である。アンカーの残存引張り力が減少・増加した原因が外力の増加や地盤の変形による場合は,再緊張や緊張力緩和が問題の解決とならないことが多い。このような場合,対策により斜面の安定度が低下したり,補修後に再度残存引張り力が減少・増加してしまう可能性があるため,斜面の安定に対する根本的な対策の実施が必要になる。再緊張や緊張力緩和によるアンカーの対策で問題が解決するのか,アンカーの増し打ちなど他の対策工が必要となるのかについて十分な検討が必要である。特に,緊張力の緩和は,斜面の安定度を増すために行う作業ではなく,テンドンの破断や受圧構造物への応力集中を避けるために行う作業である。したがって,緊張力緩和は,当面の処置であって,根本的な対策ではないことを十分に理解して実施することとする。

　実施に際しては,以下の項目に対する十分な検討が必要である。再緊張,緊張力緩和対策の方法を**表-解 5.2** に示す。

表-解 5.2　再緊張・緊張力緩和一覧表

対象物	状況	原因	対策方法	留意点
残存引張り力	減少	テンドンの劣化	維持性能試験等でアンカーの許容引張り力を確認後に再緊張を実施	テンドン腐食や損傷がある場合は,作業中にテンドンが破断する恐れがあるので注意が必要
		アンカー体設置地盤のクリープ等地盤の影響	地盤のクリープ性状を把握した後に再緊張を実施	今後も再緊張が必要となる可能性が高いので,再緊張が容易に行える定着具に変更することが望ましい
		構造物の沈下や劣化	原因を取り除いた後に再緊張	構造物背面の地盤強さに応じた緊張力を検討
	増加	想定以上の外力	構造物や斜面全体の安定を検討した後に,必要であれば緊張力を緩和	残存引張り力が許容アンカー力に近い場合は,緊張力緩和作業は行えないことがある
		背面地盤の凍上	凍上による変形に対応できる頭部構造に変更	頭部構造の交換は,緊張力を解除できる場合のみ実施

① アンカー定着具の構造

　アンカー定着具は,大きく分けると**表-解 5.3** に示すような 3 タイプに分けられ,それぞれ再緊張や緊張力緩和を行うための異なる要件を有している。ナット方式,くさび+ナット方式は,基本的に再緊張や緊張力緩和のための作業が可能な構造であるが,ナットの締め代・緩め代が十分であるかどうかの検討が必要である。くさび方式の場合は,再緊張や緊張力緩和ができる構造ではないが,十分な緊張余長を有している場合は,基本的に再緊張のみが可能となる。

　また,今後の維持管理を考慮して定着具を再緊張や緊張力緩和ができるタイプに交換するこ

とも有効である。この場合，まずアンカーに作用している緊張力をいったん解除する必要があるので，4.3.4 を参考に実施する。

表–解 5.3　アンカー定着具の再緊張・緊張力緩和に対する要件

定着方式	再緊張・緊張力緩和を行うための要件	適応性	
		再緊張	緊張力緩和
ナット方式	テンドン接続のためのカップラーのねじ代があること 緊張力緩和のためにはさらにナットの緩め代が必要となる	◎	◎
くさび方式	くさびより上部のテンドン余長が緊張ジャッキセット可能な長さ以上であること または，鋼線ジョイントカップラー装着のための長さ以上であること	○	△
くさび+ ナット方式	テンドン接続のためのカップラーのねじ代があること さらにナットの締め代・緩め代が十分であること	◎	○

◎：適応性が高い　　○：適応性がある　　△：適応性が低い

② テンドンの腐食や損傷

テンドンに腐食や損傷がある場合は，アンカーの許容引張り力が低下するため，再緊張や緊張力緩和の作業によりテンドンが破断する危険性が増加する。維持性能確認試験等により現状におけるアンカー性能の再評価を行った上で，アンカーの更新や性能を落として使用するなどの対策を含め，再緊張や緊張力緩和に対する検討・計画を行う必要がある。

以上の検討を行いながら，再緊張・緊張力緩和の実施の是非，実施の方法を決定するが，実施に際しては事前にリフトオフ試験を実施する。これにより，多くのアンカーの残存引張り力の履歴を確認でき，それ以降の維持管理において参考となるデータを得ることができる。

③ 再緊張・緊張力緩和の方法

アンカー定着具の各タイプにおける再緊張・緊張力緩和の標準的な方法を表–解 5.4 に示す。

表-解 5.4 再緊張・緊張力緩和の標準的な方法

定着方式	種別	標準的な方法
ナット方式	再緊張	アンカーのねじ部にカップラーを用いてテンションバーを連結する。 緊張ジャッキをセットして所定の緊張力まで載荷する。 緊張により浮き上がったナットを締め込み，定着する。 留意点：計画締め込み長さに対して部材長が十分であるかの確認を行う。 （図：テンションカップラー，ナット，テンションバー，ジャッキ）
	緊張力緩和	手順は再緊張と同じだが，緊張によりナットを浮かせた後にナットを緩め，緊張力を所定の値まで下げた後にナットを締め込み，定着する。 留意点：計画緩め長さに対して部材長が十分であるかの確認を行う。
くさび＋ナット方式	再緊張	定着具の外周ねじにカップラーを用いてテンションバーを連結する。 緊張ジャッキをセットして所定の緊張力まで載荷する。 緊張により浮き上がった定着具外周のナットを締め込み，定着する。 留意点：計画締め込み長さに対して部材長が十分であるかの確認を行う。 （図：アンカープレート，テンションカップラー，アンカーヘッド，ラムチェア，油圧ジャッキ，テンションバー，ナット，支圧板）
	緊張力緩和	ナットの緩め代がない場合は，不可。 手順は再緊張と同じだが，緊張によりナットを浮かせた後にナットを緩め，緊張力を所定の値まで下げた後にナットを締め込み，定着する。 留意点：計画緩め長さに対して部材長が十分であるかの確認を行う。

　アンカーの補修・補強作業において，特に緊張力解除，再緊張，緊張力緩和の作業は，テンドンの破断の危険性を有している。実施に際しては，テンドンが健全な状態でない可能性があることを考慮して十分な検討を行い，実施の可否の判断を行うとともに，破断した場合の防護養生や作業中におけるアンカー頭部直近への立入禁止措置などの必要な安全対策を実施する。

5.2.3 更　新

　アンカーの健全性調査により健全性に問題があると評価されたアンカーは，健全性を確保するために対策が必要になる。しかし，旧タイプアンカーなどの防食機構を持たないアンカーでは，補修・補強が困難となることが多い。特に緊張力を解除することができない場合は，アンカー頭部背面やテンドンの補修・補強は不可能となる。このような場合，腐食の進行によりテンドン破断の危険性が大きくなるため，危険の軽減策を緊急・応急対策として実施するとともにアンカーの増し打ちや更新の検討が必要になる。また，維持性能確認試験において，アンカーの許容引張り力が設計アンカー力を満足しないなど必要レベルに達していない場合も，アンカー性能の再評価とともにアンカーの増し打ちや更新の検討が必要になる。この他に，地下水位の上昇やすべり力の増加など外力の変化により安定度が低下した場合もアンカーの増し打ちや更新の検討が必要である。

　アンカーの増し打ちは，既存のアンカーの機能を評価しつつ不足する抑止力を増設するアンカーにより補うことであり，更新は既存のアンカーを評価せずに新たにアンカーを築造することである。

　アンカーの増し打ち・更新の検討項目は，以下に示すとおりである。

① 既存アンカー性能の再評価
　維持性能確認試験により既存アンカーの許容引張り力を評価し，必要な補修・補強を行った上で期待できる性能の再評価を行う。

② 補修・補強と増し打ち・更新のライフサイクルコストの検討
　補修・補強を行い維持していく場合，性能を落として評価して不足分を増し打ちする場合，アンカーを更新する場合のライフサイクルコストを比較検討する。

③ 構造物全体の安定度検討
　現状における構造物全体の安定度を検討し，必要に応じてアンカーの再設計を行う。

④ 施工性の検討
　施工による供用中の構造物への影響などを検討する。

5.3 緊急対策

> 周辺地盤や構造物などの変状によりアンカーの残存引張り力が増加して，テンドン破断の危険性があると判断されるグラウンドアンカーについては，対策工の検討に加えて，適切な緊急対策を実施する。

テンドンの損傷や腐食の進行によりテンドン破断の危険性があるか，今後進行していくと判断されるアンカーは，速やかに破断による危険の軽減策を実施する必要がある。ここで，緊急対策は第三者への被害を防ぐために緊急かつ迅速に行う処置である。

テンドンが破断した場合，特に自由長部あるいは自由長とアンカー体の境界部分などで破断した場合は，頭部側のテンドンに解放されるエネルギーが大きいために運動エネルギーが大きくなり，地山から飛び出したり空中に飛び出したりする現象が発生する。また，これに伴い，頭部保護コンクリートや頭部キャップ，定着具などが落下することがある。これらの現象は，第三者災害にもなり得る現象なので，危険の軽減策として，破断した場合の飛び出し・落下防止対策を速やかに実施する。

危険があると判断されるアンカーについては，危険性の度合いによって対応が異なる。しかし，一般に腐食を原因とする破断現象は突発的なものが多く，危険性の判断が困難な場合が多い。日常の点検によって蓄積された情報や個別の調査結果に基づき，破断の要因を明らかにして総合的に判断することが求められる。施工後かなりの年月を経ており問題が発生しそうなアンカーや部分的に飛び出しや落下が確認された場合には，何らかの方法で，万一飛び出しても第三者に対して障害とならないように対処する。例えば対策として，アンカー頭部に金属プレートなどを固定する方法が考えられる（**参考文献 14** 参照）。対策の方法や規模などは，変状の状況により決定する。

また，外力の変化などによって，アンカーに破断の恐れを生じた場合には，押さえ盛土や土のうを積むなど，アンカーそのものの対策以外のことも検討する。地下水位の上昇など，アンカーを破断させる原因が特定されている場合には，その原因を取り除く，水抜きボーリングなども緊急対策の 1 つである。

周辺地盤や構造物などの変状によりアンカーの残存引張り力が増加する場合，これが許容引張り力を超えるとテンドン破断に至る危険性がある。この場合，排土工，水抜きボーリング，アンカーの増し打ちなどの早い段階での対策工の実施が必要になるが，万一テンドンが破断した場合の飛び出し，落下防止対策が必要になる。

5.4 応急対策

> 本格的な対策には時間や費用を要する場合に，より合理的で効率的維持管理を行うために，当面の性能の低下を防ぐ目的で応急対策を実施する。

5.1 に述べたように，アンカーに対する対策の必要性は，アンカーに要求される機能と調査時点に保持する機能の関係から技術的に定まるものであるが，実際に対策を行うに当たっては，技術的な要因以外のさまざまな要因が影響することもあり，即座に対策を実施するのではなく，比較的長いスパンで対策を実施する場合がある。そのような場合には，本格的な対策を実施するまでの期間に当面の機能確保や機能の低下防止のために応急対策を実施する場合がある。

例えば，降雪や降雨のような天候や気候の関係で本格的な対策の実施時期が限られる場合，災害などにより交通機関等が遮断されて本格的な対策が実施できない場合，近い将来に関連する工事などが計画されており，その際に何らかの改修が入る予定がある場合等が考えられる。

応急対策は，適切に実施することで安全性や経済性，周辺環境への負荷を低減することができる手法である。しかしながら，技術的な要因以外も考慮して実施する必要があるため，適切な計画が求められる。

応急対策を検討する際には，以下の点に留意する必要がある。

① 応急対策は，恒久的な対策ではなく，当面の対策にすぎないことから，特に応急対策による機能保持の期間を検討する必要がある。具体的には，応急対策の検討の際に恒久対策の実施時期もある程度明らかにしておく必要がある。

② 応急対策を実施する場合は，第三者に危険が及ぶ恐れのない状態であることが前提である。第三者に危険が及ぶ可能性がある場合にはまず緊急対策を実施し，その上で応急対策の検討を行う必要がある。

むすび　グラウンドアンカーの維持管理を踏まえた課題と対応

　2007年11月英国土木学会で，英国，アメリカ，日本，ドイツが発起人となった世界初の「グラウンドアンカーの維持管理国際会議」が開催された。
　この会議の目的は，まだ情報が少なく，また体系化されていないアンカーの点検・健全性調査・対策等の技術・基準・事例等の情報の共有であった。
　グラウンドアンカーが世界で初めてアルジェリアのCheurfasDamの堤体補強および嵩上げに使用されてから70余年，日本では藤原ダムの副ダム安定のため使用されてから50余年の歴史をもつが，点検・維持管理の対象とされることは少なかった。
　しかし，1970年代半ばからグラウンドアンカーの破損，機能低下が報告されていた。そのため，国際プレストレストコンクリート連盟（FIP，現在はfib）はグラウンドアンカーの分化会を立ち上げ，G.S.Littlejohn教授（今回，国際会議の組織委員会および技術委員会委員長）のもと既設アンカーの調査を行い，1986年にグラウンドアンカーの永久的仕様として望ましい構造が示された。
　それをもとに，日本でも1988年土質工学会（現：地盤工学会）基準（JSF規格：D1-88）—アンカーの二重防食が義務—が制定され，この基準以前に施工されたアンカーは，耐久性に問題があるものもあり，点検，維持管理を行い耐久性の向上，延命化が必要であるとされた。
　そのような背景のもとに，アンカーの維持管理の必要性，重要性は大きくクローズアップされてきたが，その歴史は浅く，世界的に論文，事例報告等報文も少ない状況での「グラウンドアンカー維持管理マニュアル」作りであった。

　「グラウンドアンカー維持管理マニュアル」の作成には6年を有した。この間，まず多数の既設アンカーの資料の収集と現場の調査・点検を行い，既設アンカーの状態を把握した。そして更に数現場で健全性調査・対策・モニタリングも実施し，アンカー頭部・頭部背面を観察し，不完全な防食構造・水・空気の影響による防錆油の劣化・減量を確認した。また，防食機能の低下のため錆が発生しているテンドンも数多く観察した。
　点検・健全性調査・対策工を実施するためには，アンカー新設時の調査・設計資料が必要であるが，残っているものも少なく，また残っていても整理されていないため健全性調査・対策等の計画，作業は困難であった。
　対策工はアンカー工法の違いもあるが，更に頭部背面の状態がアンカー1本毎に違うため，1本毎に別々のメニューが必要となることを学んだ。
　また，健全性調査作業，対策工事における作業足場の構築，機器の運搬には，予想以上の手間と費用も要することを学んだ。
　実際の点検・健全性調査・対策を基に作成された当マニュアルは　机上のマニュアルではなく，実務に直結しているので，アンカーの維持管理，耐久性向上対策は，効率的，効果的に行

える。また当マニュアルの思想，技術は，新設アンカーにおいてもアンカーのライフサイクルコストの低減，長寿命化のため適用すべきと思われる。
　むすびとしてアンカーの維持管理を踏まえた課題と対応を述べる

1. 各種資料・データの一元的保管と高度利用
　（1）アンカーの耐久性向上，長寿命化のためには，既設アンカーはもちろんのこと，新設アンカーに対しても　供用開始後定期的に維持管理をすることが必要である。
　　　維持管理を経済的，効果的に行うためには，調査・設計・施工に関する資料が重要であり，それらの資料は，点検・調査で得られたデータと共に，施設管理者により何時でも内容が確認できる状態で一元的に保管さることが必要である。
　　　これらの資料・データは，施工段階から維持管理段階に移る段階において作成することが望ましい維持管理カルテに網羅することがよい。
　（2）アンカー緊張時のデータは，供用開始後のアンカーの健全性や斜面・構造物の挙動，健全性調査結果の評価において非常に重要となる。このため，アンカー緊張時のデータは，できる限りすべて保管するのが望まれる。
　　　なおアンカーの緊張時のデータ管理は，(社) 日本アンカー協会が，アンカーの緊張管理の品質向上，緊張管理様式の統一化のため行っている，「グラウンドアンカー緊張管理システム」(**参考資料―8参照**) は，アンカー協会のサーバにデータが保管され，維持管理に有効である。
　　　調査・設計・施工・維持管理・モニタリングまでの一元化された資料・データが収集され蓄積されれば，アンカーの設計基準も変えることができ，今後アンカーが，安全でより経済的な工法となり，アンカーによる重要構造物の定着にまで用途が広がっていくことが期待される。

2. 維持管理が容易に，また回数を減らせるアンカー用部材，機器の開発
　　　現在問題が顕在化している旧タイプアンカーには，健全性調査を行うにも，構造上困難なものが多く，多大な労力とコストを要している。今後，維持管理の対象となるアンカーの数量が増加する中で，できる限り維持管理を効率的に行うためには，アンカーの構造も維持管理が容易な構造にしていくことが望まれる。特に，リフトオフ試験・維持性能確認試験・再緊張・緊張力緩和においては，供用開始後できるだけ緊張が容易にできる構造であること，また劣化や機能低下する可能性のある部材も交換・補修対策が容易な構造が望まれる。

　　　例えば，
　　① 頭部キャップ
　　　アンカー頭部の防錆油の劣化や流出などの問題が見られる。対策として防錆油の交換・補充が必要になるが，多大な労力やコストがかかる。このため，頭部キャップをはずさず容易に頭部キャップ内の防錆油の補充・交換が可能となるような構造の頭部キャップを用いるのが望ましい。

② 支圧板

　テンドンの腐食の可能性が高い箇所として，アンカー頭部背面がある。この部分は，アンカー頭部と自由長部との不連続部となりやすく，腐食環境に曝されやすい。このため，頭部背面を重点的に対策する必要があるが，頭部背面の対策はアンカーの緊張力解除を行う必要があり，多大なコストを要する。そこで，対策用のスリットや穴などを設けた支圧板を用いると，定期的に頭部背面部の防錆油の補充・交換などが可能となり，比較的容易に耐久性向上策が実施できる。このような維持管理に適した支圧板の開発が望まれる。

③ 頭部背面止水構造部材

　テンドンを腐食から守るためにはアンカー周囲からの水を遮断することが重要である。

　従来，テンドンの周囲に防錆用グリースを塗布すれば錆ないと考えられていたが，防錆油は水，熱により劣化・減量・流出し防食性能は低下していくことが確認された。調査した現場では，頭部背面にグリースは皆無で水がアンカー孔から流出し，テンドンに錆があったもの，またテンドンにグリースは塗布されているものの，一部に錆びが発生していた。

　FIP（国際プレストレストコンクリート連盟）グラウンドアンカー分科会・永久アンカーワーキンググループ（委員長：G.S.Littlejohn）の調査によると　アンカーの破損個所の 95 ％がアンカーヘッド付近（背面 1m 以内），自由長部であった。当マニュアル編集委員会の調査でも同様の傾向が確認された。

　頭部背面のテンドン防食のため，また補修の頻度を減らすため，水密性の高い止水構造部材の開発が最も重要な課題である。

④ 頭部背面の観察（ファイバースコープの利用）

　支圧板をはずさずに頭部背面の状況を確認する簡易的な手法として，アンカーの周辺から頭部背面にファイバースコープを挿入して内部の様子を見ることができる技術の開発も期待される。

3. 維持管理技術の開発

　供用開始後，継続的にアンカーの緊張力を計測するために，アンカー頭部に荷重計が設置される場合がある。しかし，これらの荷重計は　屋外の条件の厳しい場所で使用するため，信頼性の高いデータ収集が 5 ～ 10 年程度しかできないものが多く，長期にわたる維持管理への適用は困難である。

　アンカーの緊張力の計測は，アンカーの健全性調査や斜面・構造物の挙動把握には非常に重要であり，長期にわたる計測が必要である。またアンカーが採用される個所は，山間部や急峻な場所が多く人力による計測作業に時間と費用を費やし，計測したデータも連続的ではない。

　そのため，耐久性が優れ，安価で，緊張力が作用した状態でも容易に交換可能な荷重計の研究開発が望まれる。一日も早く現場で使用し数多くのアンカーに設置されることが期待される。

4. 望まれる研究開発

　アンカーの健全性調査や対策は，近年になって着目されてきた分野であり，全ての問題に対応できる技術メニューが未だ整備されていないのが現状である。アンカーはその構造のほとんどが地中に埋設されており，外部から確認できるのは頭部のみである。また，アンカーの長さは通常 10m を超え，場合によっては 50m も超える場合も多く，このようなアンカーの健全性を確実に評価できる技術は未だ確立されていない。各種の構造のアンカーが多く適用されており，アンカーの維持管理は更に複雑なものとなっている。これらに対して，アンカーの健全性調査や対策分野では，現在各機関で研究開発が進められているが，今後更なる研究開発が望まれる。現段階で特に必要とされる技術の分野は以下のとおりである。

(1) アンカーの健全性調査と健全性評価
　・アンカー深部のテンドンの状態を確認する技術
　・斜面全体の健全性の評価方法
(2) アンカーの対策技術
　・アンカー深部の対策技術
　・アンカー頭部背面周辺の簡便な対策技術
(3) 腐食したテンドンを除去し新しいテンドンとつなげる技術
　・アンカー深部の対策技術
　・アンカーの腐食の進行を止める技術
　・水にも熱にも影響されない防錆材

　アンカーの腐食の問題が特に多い頭部背面と自由長部（特に，アンカー体との境界付近）は，荷重解除後の頭部背面調査や超音波探傷試験などによりテンドンの状態の調査は可能であるが，アンカーの深部については現段階では，維持性能確認試験などにより間接的に評価する以外に方法はない。このため，アンカー深部のテンドンの状態を確認する技術の開発が望まれる。
　リフトオフ試験によりアンカーの残存引張り力が確認できるが，定着時緊張力と比較して増減がある場合，また斜面全体で大きくバラツキがある場合のアンカーの健全性および斜面全体の健全性を評価する技術の開発が望まれる。また，少数のアンカーのみ機能低下した場合に，これのアンカーすべての更新が必要なのか，斜面全体の健全性を評価して，適切な対応が可能なのか，評価する手法も望まれる。このような技術が得られれば，供用開始後アンカーの緊張力の変化により，斜面全体の挙動のモニタリングにも活用でき，より効率的な管理が可能になると考えられる。このためには，既述したように，長期にわたり信頼性の高く安価な荷重計測技術の開発が望まれる。
　アンカーのテンドンの健全性に問題がある場合，頭部背面であれば補修・補強などの処置が可能な場合があるが，アンカー深部では対策を行うことは現段階では不可能である。現状では，アンカーの緊張力を低下させたり，破断時の被害防止対策の実施やアンカーの増し打ちなどの対策が行われているが，アンカー自体に処置を施し，耐久性の向上を図る技術の開

発が望まれる。

　鉄筋コンクリートなどでは，鉄筋が腐食状態にある場合に，電気防食などにより腐食の進行を止める技術が実用化されているが，アンカーにおいてもこのように腐食の進行を止める技術の開発が望まれる。電気防食のアンカーへの適用は，効果の確実性や腐食を更に加速させる可能性などの問題が残されているが，今後の開発が期待される。

　アンカーで使用している防錆材─グリース─は本来水に触れない場所で使用することを前提とした材料であり，水には弱い。そこで水，熱に影響されない防錆材の開発が必要である。

5. アンカーの長寿命化とライフサイクルコストの最小化

　今後，補修・補強や更新などの対策を必要とする社会資本の割合が増加する傾向にあるなか，アンカーおよびアンカー定着斜面・構造物を健全な状態で次世代に引き渡すため，長寿命化させ，ライフサイクルコストを最小化させ，維持管理，更新の負担を軽減する構造，部材の技術開発が一層必要である。

　更に，建設時のコストは高くても維持管理を必要としない，ライフサイクルコストを最小化できるアンカーの開発を期待する。

参考文献

1. （社）土質工学会：アース・アンカー工法
　　　　―付・土質工学会アースアンカー設計・施工基準―（1977）
2. （社）土質工学会：グラウンドアンカー設計・施工基準（JSF:D1-88）（1988）
3. （社）土質工学会：土質工学会基準
　　　　―グラウンドアンカー設計・施工基準，同解説（1990）
4. （社）地盤工学会：グラウンドアンカー設計・施工基準（JGS4101-2000）（1999）
5. （社）地盤工学会：グラウンドアンカー設計・施工基準，同解説（2000）
6. （社）日本道路協会：道路土工―のり面工・斜面安定工指針（1986）
7. （社）日本道路協会：道路土工―のり面工・斜面安定工指針（1999）
8. 東・中・西日本高速道路株式会社：保全点検要領（2006.4）
9. （社）日本アンカー協会：グラウンドアンカー設計・施工手引書（案）（1990）
10. （社）日本アンカー協会：グラウンドアンカー施工のための手引書（2003）
11. 朝日和雄他：グラウンドアンカー工の有効緊張力の変動に関する一考察，
　　　　土木学会第45回年次学術講演会（1990）
12. 藤田圭一：「グラウンドアンカーの寿命」，基礎工，Vol.28, No.10（2000）
13. 三木博史・小野寺誠一：特集　グラウンドアンカー，土木技術，Vol.60, No.8（2003）
14. 三嶋信雄：「構造物等の効率的なメンテナンスに関する提言」，土と基礎（2004）
15. 大窪克己・竹本将：「高速道路斜面の維持管理について
　　　　―特にグラウンドアンカーについて―」，地質と調査（2008）
16. FIP : Corrosion and Corrosion protection of Prestressed Ground anchorages（1986）
17. Fib : Design and construction of ground anchorages（1996）
18. PTI : Recommendations for Prestressed Rock and Soil Anchors（1996）
19. PTI : Recommendations for Prestressed Rock and Soil Anchors（2004）
20. BSi : Execution of Special geotechnical work - Ground anchors（BSEN 1537 : 2000）
21. G.S. Littlejohn : Permanent Ground Anchorages Review of Maintenance Testing, Service Monitoring and Associated Field Practice（2005）

参考資料

参考資料— 1　維持管理のための各アンカー番号付け（例）
参考資料— 2　アンカーカルテ，記録簿（例）
参考資料— 3　健全性調査項目
参考資料— 4　健全性調査対策事例
参考資料— 5　防錆油の試験方法と試験事例
参考資料— 6　モニタリング事例
参考資料— 7　超音波探傷試験について
参考資料— 8　「グラウンドアンカー緊張管理システム」の概要
参考資料— 9　「グラウンドアンカー施工士」検定試験の概要
参考資料—10　各国，各機関におけるアンカーの維持管理基準，勧告他の抜粋

参考資料－1　維持管理のための各アンカー番号付け（例）

　2.4 記録の保存で述べたように，アンカーの維持管理の各段階における記録は，利用が容易なように整理し，保存することが望ましい。

　そのためには，予備調査の段階までにアンカーの位置が特定可能なように，統一的なルールに従って各アンカーに番号付けするとよい。アンカー番号付けのルールの案を図-参1.1に示す。このルール案では，アンカーで安定化された斜面・構造物を正面から見た場合に，各段を下からA～Zのように英字で記号付けし，各段のアンカーを左から1，2，3のように数字で番号付けする。例えば下から3段目の左から7つ目のアンカーは，"C－7"のように番号付けされる。また，法枠などのように，幾つかのブロックに分かれて施工されている場合には，各ブロック毎に左からⅠ，Ⅱ，Ⅲのようにローマ数字で番号付けし，"Ⅱ－C－7"のように表現するのもよい。

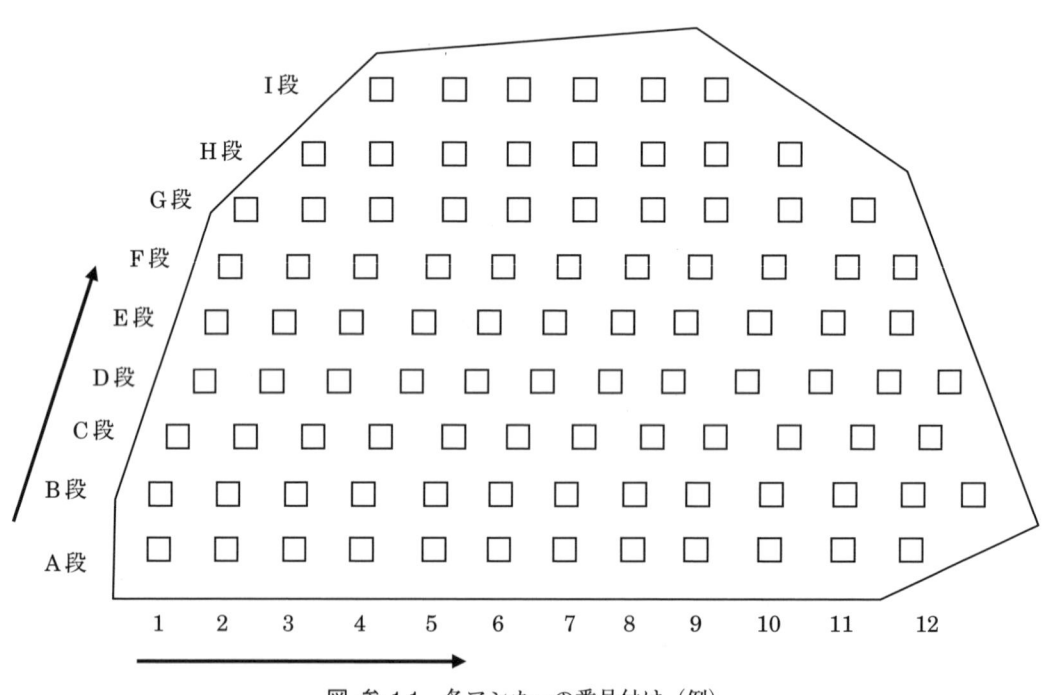

図-参1.1　各アンカーの番号付け（例）

参考資料－2　アンカーカルテ，記録簿（例）

アンカーカルテ

				都道府県名	東京 ▼
				管理機関名	
管理番号		保全対象	道路 ▼	路線名・施設名	
工事名			所在地		
受注業者		設計業者		専業者	

位置図[縮尺 1/5,000 ～ 1/25,000 程度で当該位置が把握できるもの]	平面図[アンカーの配置が確認できるもの，写真可]

アンカー諸元			旧タイプアンカーの判定		旧タイプでない ▼
工法名		施工本数		施工延長	
使用目的	斜面対策 ▼	準拠基準	土質工学会基準（1976年）▼		
テンドンの種類	PC鋼より線 ▼	防錆方法	グラウトのみ ▼		
受圧構造物	現場打吹付法枠 ▼	標準的な配置間隔			

施工記録

設計計算書	□有 □無	アンカー構造図	□有 □無	標準断面図	□有 □無
引抜き試験記録	□有 □無	長期試験記録	□有 □無	品質保証試験記録	□有 □無
荷重計記録	□有 □無	荷重計数		荷重計の現状	▼

履歴

被災履歴	□有 □無	被災詳細	
補修・補強	□有 □無	補修・補強手法	

特記事項	

カルテ作成日		カルテ作成者	

アンカーカルテ（個別）

【アンカー諸元】

評価	定期点検

アンカー No.		施工年（西暦）		工法名	
タイプ		設計荷重		定着時緊張力	
アンカー自由長		アンカー体長		全長	
削孔径	φ115m	アンカー傾角		アンカー水平角	
定着方法	くさび	鋼材断面積		降伏荷重 T_{ys}	
頭部処理	コンクリートキャッピング	受圧構造物	現場打吹付法枠		

【初期点検結果】

		評価 個数	評価Ⅰ	評価Ⅱ	評価Ⅲ
調査年月日		調査者氏名		調査時天候	晴れ
アンカー工法	旧タイプの有無	旧タイプでない			
調査・設計資料	□ 地盤が腐食環境（Ⅲ）		□ 地下水が豊富（Ⅲ）		□ 劣化・風化しやすい地質（Ⅲ）
アンカーの状態	アンカーの飛び出し	無し	飛び出し長	0.0 mm	
	荷重計の有無	無し	残存引張り力	不明	
頭部コンクリート	浮き上がり	無し	浮き上がり量	0.0 mm	
	破壊・部分的な欠損	無し	1mm 幅を超える程度のクラック	無し	
頭部キャップ 支圧板	浮き上がり	背面に隙間（Ⅲ）	浮き上がり量	1.0 mm	
	材質劣化・腐食	無し	固定ボルトの脱落・腐食	有り（Ⅲ）	
	防錆油の流出による汚れ	有り（Ⅲ）			
受圧構造物	数mm 幅以上の連続したクラック	無し	クラック幅	0.0 mm	
	受圧構造物の大きな変状	無し	沈下量	0.0 mm	
周辺状況	遊離石灰	有り（Ⅲ）	湧水	無し	

※判定基準：Ⅰが1つ以上、またはⅡが2つ以上、またはⅢ以上が3以上の場合、健全性調査が必要。
ただし、各項目において評価が重複する場合は、最も悪いものを1つだけ計上する。

特記事項	
位置図［対象アンカーの位置がわかるもの］	頭部状況［頭部の状況がわかる写真］
カルテ作成日	カルテ作成者

アンカーカルテ総括表

施工年月日				工法名					旧タイプアンカーの判定			①旧タイプアンカー ②旧タイプではない ③不明		
カルテ作成日				テンドンの種類					定着具			①旧タイプアンカー併用		
No.	テンドンの仕様	アンカー長 (m)	自由長 (m)	アンカー体長 (m)	設計アンカー力 (kN)	許容アンカー力 (kN)	定着時緊張力 (kN)	モニタリングの有無	初期点検	近接点検の履歴	①くさび ②ナット ③くさびナット併用	健全性調査の履歴	対策の履歴	頭部保護 ①コンクリート ②頭部キャップ ③その他 ( )	最新の評価	評価	摘要

8/ ページ

点検記録簿（近接点検）

評　　価	評価Ⅰ	評価Ⅱ	評価Ⅲ	総合評価	
個　　数				定期点検	
調査年月日		調査者氏名		調査時天候	晴れ
1. アンカー工法	旧タイプの有無	旧タイプ（Ⅱ）			
2. 調査・設計資料	□ 地盤が腐食環境（Ⅲ）		□ 地下水が豊富（Ⅲ）	□ 劣化・風化しやすい地質（Ⅲ）	
3. アンカーの状態	アンカーの飛び出し	無し	飛び出し長	0.0 mm	
	荷重計の有無	無し	残存引張り力	不明	
4. 頭部コンクリート	浮き上がり	無し	浮き上がり量	0.0 mm	
	破壊・部分的な欠損	無し	1mm幅を超える程度のクラック	無し	
5. 頭部キャップ 支圧板	浮き上がり	無し	浮き上がり量	1.0 mm	
	材質劣化・腐食	無し	固定ボルトの脱落・腐食	無し	
	防錆油の流出による汚れ	無し			
6. 受圧構造物	数mm幅以上の連続したクラック	無し	クラック幅	0.0 mm	
	受圧構造物の大きな変状	無し	沈下量	0.0 mm	
7. 周辺状況	遊離石灰	無し	湧水	無し	

※判定基準：Ⅰが1つ以上、またはⅡが2つ以上、またはⅢ以上が3以上の場合、健全性調査が必要。
　　ただし、各項目において評価が重複する場合は、最も悪いものを1つだけ計上する。

前回調査時との相違点

特記事項

頭部状況［頭部の状況がわかる写真］

カルテ作成日		カルテ作成者	

【定期点検記録簿】

点検計画	①歩行目視点検　②近接点検　　回／年　③その他						特記事項			
定期点検結果										
前回（第　回）点検	定例・臨時（　　）	点検年月日		年	点検方法	①歩行目視点検　②近接点検　③その他（　）		記入者		
今回（第　回）点検	定例・臨時（　　）	点検年月日		年	点検方法	①歩行目視点検　②近接点検　③その他（　）		記入者		

点検アンカーNo.	前回評価	前回判定	点検結果（前回との差異など）	評価	判定	摘要
	Ⅰ：Ⅱ：Ⅲ：	調査　要・不要		Ⅰ：Ⅱ：Ⅲ：	調査　要・不要	
	Ⅰ：Ⅱ：Ⅲ：	調査　要・不要		Ⅰ：Ⅱ：Ⅲ：	調査　要・不要	
	Ⅰ：Ⅱ：Ⅲ：	調査　要・不要		Ⅰ：Ⅱ：Ⅲ：	調査　要・不要	
	Ⅰ：Ⅱ：Ⅲ：	調査　要・不要		Ⅰ：Ⅱ：Ⅲ：	調査　要・不要	
	Ⅰ：Ⅱ：Ⅲ：	調査　要・不要		Ⅰ：Ⅱ：Ⅲ：	調査　要・不要	
	Ⅰ：Ⅱ：Ⅲ：	調査　要・不要		Ⅰ：Ⅱ：Ⅲ：	調査　要・不要	
	Ⅰ：Ⅱ：Ⅲ：	調査　要・不要		Ⅰ：Ⅱ：Ⅲ：	調査　要・不要	
	Ⅰ：Ⅱ：Ⅲ：	調査　要・不要		Ⅰ：Ⅱ：Ⅲ：	調査　要・不要	
	Ⅰ：Ⅱ：Ⅲ：	調査　要・不要		Ⅰ：Ⅱ：Ⅲ：	調査　要・不要	
	Ⅰ：Ⅱ：Ⅲ：	調査　要・不要		Ⅰ：Ⅱ：Ⅲ：	調査　要・不要	
	Ⅰ：Ⅱ：Ⅲ：	調査　要・不要		Ⅰ：Ⅱ：Ⅲ：	調査　要・不要	
	Ⅰ：Ⅱ：Ⅲ：	調査　要・不要		Ⅰ：Ⅱ：Ⅲ：	調査　要・不要	
	Ⅰ：Ⅱ：Ⅲ：	調査　要・不要		Ⅰ：Ⅱ：Ⅲ：	調査　要・不要	
斜面・周辺の状況						
点検結果の総合評価	Ⅰ：Ⅱ：Ⅲ：	調査　要・不要	今後の対応			
備　考						

参考資料－3　健全性調査項目

第 4 章におけるアンカーの健全性調査の項目と内容を表-参 3.1 にまとめる。

表-参 3.1　アンカーの健全性調査項目

調査項目		調査箇所	着目点	摘要
アンカー頭部詳細調査	目視による調査	頭部コンクリート	浮き上がり，クラック，破損，劣化，落下	
		頭部キャップ	破損，変形，劣化，固定状況，落下	
		その他	遊離石灰，湧水	
	頭部を露出させての調査	頭部キャップ	破損，変形，劣化，固定状況，パッキンの状況	
		防錆油	油漏れの痕跡，量，変質，劣化	試料採取→防錆油の試験
		テンドン（余長部）	引き込まれの有無，腐食の状況，傷，破損（断面欠損），再緊張余長	
		定着具	腐食の状況	
		支圧板	浮き，変形，腐食の状況，塗装の劣化	
		その他	背面からの湧水	
リフトオフ試験			残存引張り力，伸び特性	
頭部背面調査		頭部背面構造	防食機構，止水性	
		背面部の環境	地下水の浸入，土砂の混入	
		テンドン	腐食の状況，傷，破損	
		防錆油	油漏れの痕跡，量，変質，劣化	試料採取→防錆油の試験
		支圧板背面部	変形，破損，クラック，遊離石灰	
		その他		
維持性能確認試験			耐力，伸び特性	
防錆油の試験			変色，固化，軟化	
モニタリング			残存引張り力	

参考資料— 4　健全性調査対策事例

　本事例の健全性調査および対策が実施されたのは，ダム湖周辺における地すべり防止対策のために施工されたアンカーである。アンカーは地盤工学会基準において二重防錆が規定される以前の旧タイプアンカーであり，施工後 20 年が経過していた。当現場は，日常点検において，表–解 3.6 における I および II に該当する変状が確認されたため，健全性調査および対策が必要とされた。

　当初は全施工数量の 20% 程度を調査対象としていたが，初年度の調査で性能の低下しているアンカーが多かったために全数調査が必要と判断され，翌年度以降に全数の健全性調査および対策が行われた。

1. 健全性調査の概要

1.1 アンカーの仕様

　本現場は 4 段からなる法面に，約 200 本のアンカーが打設されている。打設されたアンカーの仕様を表–参 4.1 に示す。

表–参 4.1　調査アンカーの仕様

項　目	規格・寸法
テンドン	ϕ 12.7 mm × 9 本
設計アンカー力	892 kN（91 tf）
定着時緊張力	294 kN（30 tf）
アンカー長	アンカー体長：8.0 m アンカー自由長：14.5 m〜44.0 m

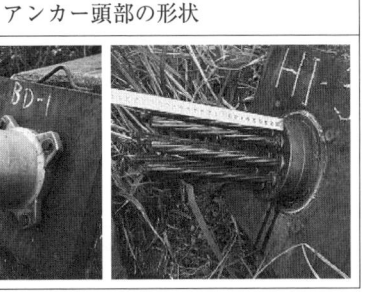

1.2 健全性調査項目

　健全性調査項目から次の 5 項目を選定し，調査を実施した。
　　①頭部詳細調査
　　②リフトオフ試験
　　③頭部背面調査
　　④維持性能確認試験
　　⑤防錆油の試験（参考資料— 5　防錆油の試験方法と試験事例）

2. 健全性調査結果

2.1 頭部詳細調査

　頭部キャップ周辺にはキャップ内の防錆油が流れ出した痕跡があり，一部にはキャップ自体が破損していた。

　頭部キャップ内の防錆油は，白濁や赤褐色，黒色の変質が見られた。白濁は水の侵入によるもので，原因としては，背面からアンカーヘッドを経由したもの，ヘッドキャップのOリングの劣化によるものと考えられた。赤褐色の変質はテンドンや支圧板の腐食によるもの，黒色は夏期のキャップ内の温度上昇によるものと考えられた。また，防錆油は頭部キャップシールの劣化，くさびの隙間のため頭部背面，外部へ流出し著しく減少しているものが多く見られた。

　頭部キャップ内の再緊張余長部のPC鋼より線や支圧板は表面に錆が発生していた。

図-参 4.1　破損した頭部キャップ

図-参 4.2　防錆油の減少

2.2 リフトオフ試験

リフトオフ試験は対象とするアンカーの 10 ％について実施した。リフトオフ試験の装置を図-参 4.3 に示す。

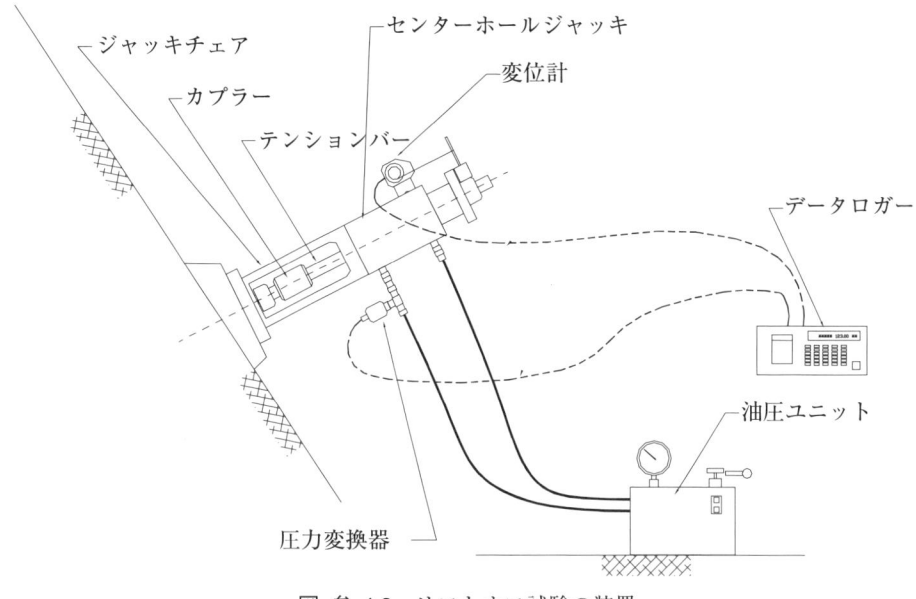

図-参 4.3　リフトオフ試験の装置

リフトオフ試験結果の一例を図-参 4.4 に示す。この例では残存引張り力＝ 350kN となったが，ブロックや段によって残存引張り力は異なり，ばらつきが大きかった。

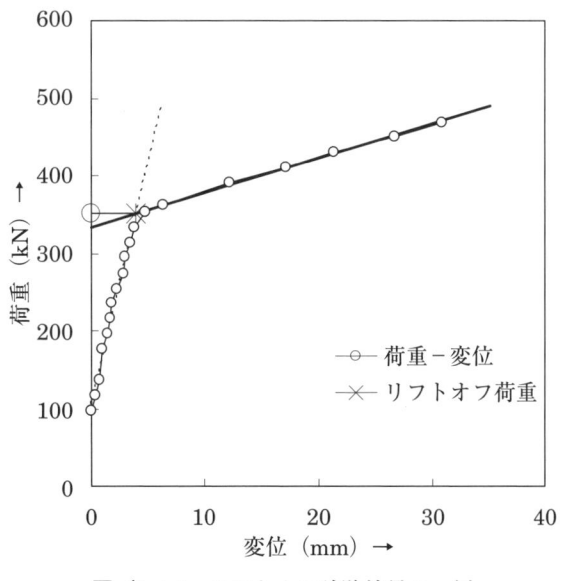

図-参 4.4　リフトオフ試験結果の一例

2.3 頭部背面調査

アンカー頭部背面調査では，頭部キャップ側から漏れ出たと思われる劣化した防錆油や，地山からの湧水による土砂の混入，のり枠のアンカー用貫通孔内の滞留水が確認された。

図-参 4.5　遊離石灰

図-参 4.6　頭部背面部の滞留水

図-参 4.7　頭部背面への土砂の混入

2.4 維持性能確認試験

維持性能確認試験は通常5サイクル程度の繰り返し載荷で行われるが，当該現場においては対象とするアンカーが多かったため，協議の上，1サイクルで実施した。試験結果の一例を図-参4.8に示す。

試験結果から，地山の変動等の影響によって荷重が減少しているアンカーでも，耐力的には問題はなく，再緊張によって機能を回復させることができることがわかった。

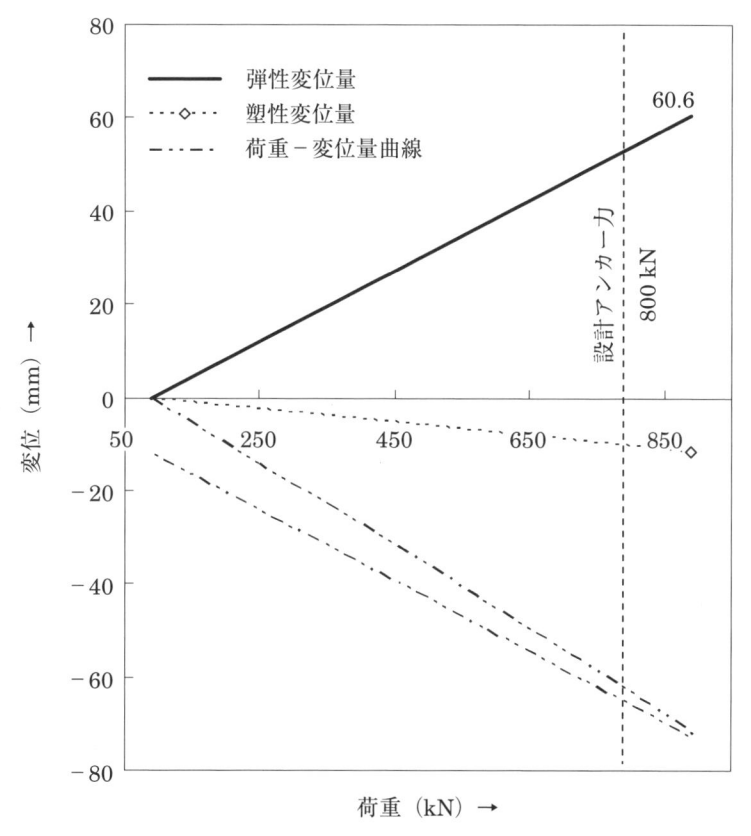

図-参4.8 維持性能確認試験結果の一例

2.5 アンカーの健全性の判定

健全性調査結果を表-参 4.2 に示す。維持性能確認試験により十分な耐力を確認でき，再緊張や補修などの対策を実施することで性能を確保することが可能であると判断した。

表-参 4.2　健全性調査結果

試験項目	結　　　果
頭部詳細調査	アンカーが設置されている個所の周辺環境によって差はあるが防錆油の劣化，減少，鋼線の錆を確認
リフトオフ試験	土塊の変動による荷重のばらつきはあるが，すべり面に対して法面上段の荷重の減少，下段アンカーの荷重の増加傾向を確認
頭部背面調査	防食機能が十分ではなく，湧水や土砂の堆積，鋼線の錆などが確認 防錆油の劣化，大幅な減少も確認
維持性能確認試験	残存引張り力が大きく減少しているアンカーでも計画最大試験荷重までの耐力を確認

3. 対策工

健全性調査結果より，対策としては頭部背面の防食機能の強化を目的とした補修・補強，頭部キャップの交換と防錆油の充填，再緊張による残存引張り力の健全化を実施した。

対策工は図-参 4.9 に示す 4 項目を実施した。

① 頭部背面・支圧板：頭部背面部が不連続な防食構造となっているため，スライドパイプ付き支圧板を使用した防錆処理を行った。また支圧板には亜鉛メッキ処理を行い，錆の発生を防ぐ構造とした。

② 頭部キャップ：調査した頭部キャップは，O リングが劣化していたため，グリスニップル付き頭部キャップに交換した。

③ 防錆油：防錆油の減少が確認されたが，防錆油は劣化しているものが多かったため，交換の方が経済的であると判断し，すべて新油と交換した。

④ 再緊張：リフトオフ試験の結果，残存引張り力が低下しているものは，施工時の定着時緊張力で再緊張を行った。

参考資料— 4　健全性調査対策事例　　141

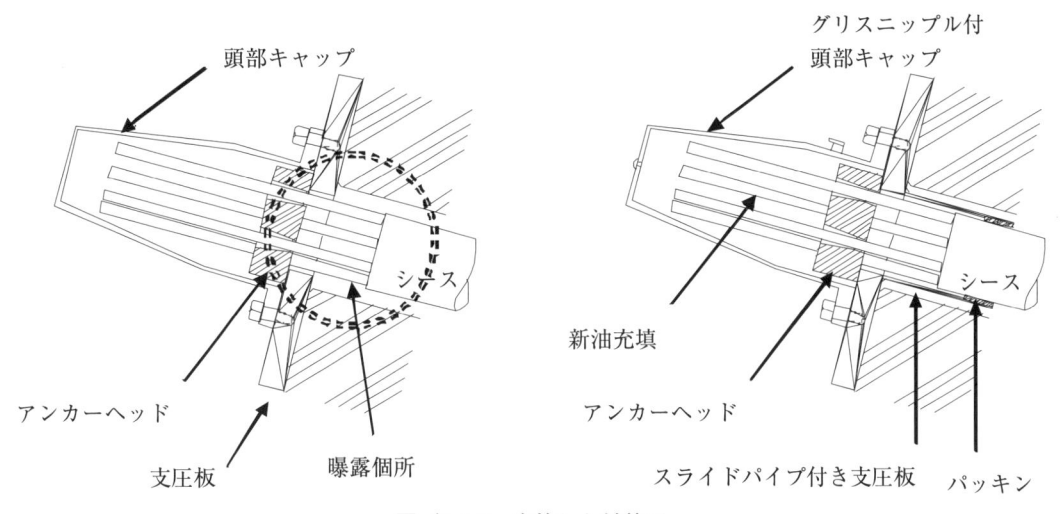

図-参 4.9　実施した対策工

参考資料－5　防錆油の試験方法と試験事例

1. 性能試験方法
　防錆油の試験方法は，防錆油の種類（グリース類，ペトロラタム類）によって異なるため，試験前に確認する。

(1) グリース類の試験方法
　① ちょう度　@25 ℃ 60W（JIS K 2220 7.）
　規定円錐が規定時間に試料に進入する深さをミリメートルの10倍で表した数値で，グリースの硬さを表す。混和ちょう度：混和器中の試料を25 ℃に保持した後，試料を60往復混和した直後のちょう度を測定する。

　② 滴点　℃（JIS K 2220 8.）
　試料を規定装置および条件で加熱した場合，半固体から液状になりかけて，その初滴が落下したときの温度を表す。カップに試料を充填し，空気浴中に入れ，温度計を差し込み，規定条件の加熱浴中で，試料がカップの口から滴下したときの温度計の示度から滴点を求める。

　③ 酸化安定度　99 ℃× 100h KPa（JIS K 2220 12.）
　試料を酸化圧 0.76MPa のボンベ中で 99 ℃に加熱し，一定時間毎に圧力降下を記録して100 時間後の酸化圧の減少を測定する。

　④ 離油度　100 ℃× 24h hwt ％（JIS K 2220 11.）
　金網円錐ろ過器中で規定温度に保った試料から，規定時間後に分離する油の質量によって，離油度を算出する。

　⑤ 銅板腐食　@100 ℃× 24h（JIS K 2220 9.）
　研磨した銅板をグリース中に浸し，室温（A 法）または 100 ℃（B 法）で 24 時間保持した後に銅板の変色の有無を調べる。

　⑥ 湿潤試験　@48.9 ℃　100 ％湿度（JIS K 2246 21.）
　試料を塗布した鋼鈑を，温度 49 ℃，相対湿度 95 ％以上の湿潤箱内に吊り下げ，規定時間後の錆発生度を調べる。

　⑦ 赤外線吸収スペクトル（IR）（JIS K 2246）

赤外線によるマイクロ波長で物体の構造変化を相対評価する。

(2) ペトロラタム類の試験方法

① ちょう度 @25 ℃不混和 （JIS K 2235 5.10）

ペトロラタムの硬さを表すもので，規定条件下で試料中に規定の円錐が垂直に進入する深さを表し，0.1mm を 1 単位とする。試料を恒温空気浴中で，25 ± 2 ℃で 2 時間保った後，この試料中に質量の合計 150g にした規定の円錐を垂直に 5 秒間進入させる。試料のちょう度は，円錐の進入した深さを 0.1mm まで測定し，これを 10 倍した数値で表す。

② 融点 ℃ （JIS K 2235 5.3）

温度計に付着固化させた一定量の試料を規定条件で加熱し，その初滴が温度計から落下したときの温度。

③ 塩水噴霧 @35 ℃ 5 ％塩水 hr （JIS K 2246 5.35）

試料で被覆した試験片を，温度 35 ℃において，塩水を噴霧した装置内に規定時間保持した後の錆発生度。

④ 赤外線吸収スペクトル（IR）（JIS K 2246）

赤外線吸収スペクトル（IR）（JIS K 2246）については，グリース類の試験方法⑦を参照のこと。

2. 防錆油の分析調査結果の例

【A 現場】

A 現場で採用されていたアンカーの健全性調査を実施した結果，頭部キャップ周辺の防錆油に劣化が見られた。劣化した防錆油の防食に対する性能，耐久性について調査を行うため，防錆油を採取し試験分析を行った。表-参 5.1 に分析試験結果を示す。

表-参 5.1 分析試験結果（例）

	単位	規格値	新油	採取 1	採取 2	採取 3	採取 4
湿潤試験	錆の発生度合い	A 級 (336h 以上)	A 級 (336h 以上)	A 級 (336h 以上)	A 級 (336h 以上)	A 級 (336h 以上)	A 級 (336h 以上)
酸化安定度	Kpa	69 以下	9	90	——	105	250
離油度	質量％	5.0 以下	2	——	96	——	95.2

注）規格値は某メーカーの新油規格値を採用。
　　アンカー使用期間約 11 年

(1) 各試験の所見

① 湿潤試験

新油の品質規格は336h（14日間）でA級（錆無し）である。今回，新油および約11年使用中の防錆油4試料とも，試験時間：336時間でA級となっており，防錆効果は保持されていると考えられる。

② 酸化安定度

採取量の不足から採取2については試験できなかった。採取1，採取3，採取4は規格値を外れる高い値を示した。かなり酸化劣化を生じていると考えられる。

③ 離油度

採取量の不足から採取1，採取3については試験できなかった。採取2，採取4は規格値を外れる高い値を示した。全基油が増ちょう剤から流れ出し，増ちょう剤の役割を果たしていないと考えられる。

(2) 総合所見

湿潤試験の結果，新油および劣化した防錆油の4試料ともに，試験時間336時間以上でA級の評価となっており，現時点では劣化した状態でも防食効果は保持されている結果となった。しかし，他の2種類の試験の結果，劣化は進んでいる状態であり，将来的には防食効果も衰えていくものと思われる。

【B現場】

B現場で採用されていたアンカーの健全性調査を実施したが，その際に支圧板背面に水の混入と防錆油の劣化が見られた。

劣化した防錆油の防食に対する性能，耐久性について調査を行うため，防錆油を採取し試験分析を行った。表-参5.2に分析試験結果を示す。

表-参5.2 分析試験結果（例）

試験項目	単位	試料No.等	新油	採取1	採取2
		使用期間	——	約14年	約14年
		規格値	一般性状	測定値	測定値
ちょう度 （@25℃60W）		240～270	244	425	406
滴点	℃	180以上	266	57	62
銅板腐食 （100℃，24h）		——	1a	1a	1a
湿潤試験	級	A級（336h以上）	A級（1,000h）	B級（336h）	C級（168h）
離油度 （100℃，24h）	質量%	5.0以下	1.2	97.5	36.6
酸化安定度 （99℃，100h）	kPa	70以下	1	49	34.3
赤外線吸収スペクトル （IR）		——	——	ピークあり	ピークあり

注）採用した防錆油の社内規格値による。

(1) 各試験の所見
① ちょう度

　ちょう度の数値が大きくなっている。ちょう度は数値が大きいほど柔らかいため，各試料は新油に比べ大幅に柔らかくなっている。増ちょう剤が使用状況（熱，空気などにより酸化劣化されたことなど）により，分解および破壊されたことでちょう度が高くなり，大幅に柔らかくなったと考えられる。

② 滴点

　滴点（防錆油が液状になって滴下する温度）が新油に比べ大幅に低下している。これは，使用状況（熱，空気などにより酸化劣化されたなど）により増ちょう剤が分解したことで，増ちょう剤中に基油が保持できない状況になっている。このまま使用すると，流動化する可能性がある。

③ 銅板腐食

　銅板に対する防食性は低下していない。

④ 湿潤試験

　新油の湿潤試験の品質規格は 336h（14 日間）で A 級（錆なし），一般性状は 1,000h（41.7 日間）で A 級（錆なし）である。今回，試料の分析結果は，336h（14 日間）で B 級（錆発生度 1〜10 ％）と 168h（7 日間）で C 級（錆発生度 11〜25 ％）である。これは現状の防錆油では短時間で錆が発生し，防錆性能がかなり低下していることがわかる。考えられる原因は使用条件により添加剤の性能低下，ちょう度低下による金属表面の付着低下などによるものと考えられる。このままでは，錆発生の可能性がある。

⑤ 離油度

　各資料の離油度はかなり高く，採取 1 ではほぼ全基油が増ちょう剤から流れ出たことになり，増ちょう剤がかなり分解・破壊され，増ちょう剤の役目を果たしていない。原因は使用条件（高温，空気による酸化劣化，水による増ちょう剤の網目構造破壊など）により増ちょう剤が分解・破壊されたものと考えられる。

⑥ 酸化安定度

　新油に比べてかなり悪くなっている。現在でもかなり酸化劣化を生じている。このまま使用すると，酸化劣化物が錆の原因になる可能性がある。

⑦ 赤外線吸収スペクトル

　赤外線吸収スペクトル分析の結果より，採取 1 は酸化劣化が原因によりカルボン酸のピークがあり，防錆油が酸化劣化していると判断できる。また，採取 2 は水が原因と思われるピークがあり，水分が混入した可能性がある。水分は防錆油が劣化する原因の 1 つであり，このままでは劣化が促進する可能性がある。

(2) 総合所見

　試料の分析結果と新油性状を比較した結果，増ちょう剤が分解・破壊されており，防錆油の役目をしていない。また，錆止め性能もかなり低下し，防錆油が劣化していることが判明した。このままの使用は錆発生の可能性がある。

参考資料－6 モニタリング事例

残存引張り力のモニタリングとして荷重計による測定を行った例を示す。

【A 現場】

A 現場で採用されていたグラウンドアンカーの残存引張り力をモニタリングしていたところ，計測初期における荷重の低下が確認された。アンカー体設置地盤の地質は泥岩である。図-参 6.1 に 2 ヵ月の計測における残存引張り力の変化を示す。

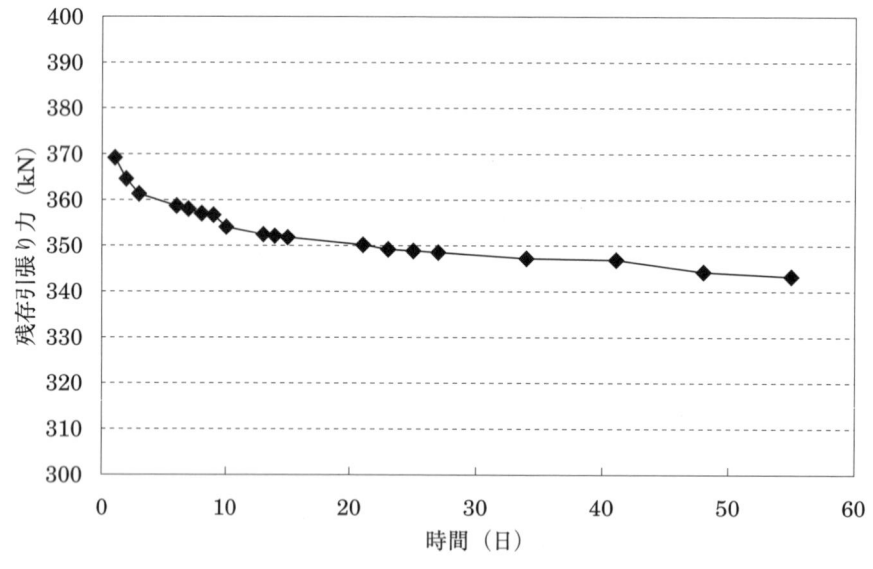

図-参 6.1 残存引張り力の計時変化（2 ヵ月）

上記のグラフは，A 現場における 2 ヵ月の残存引張り力の経時変化である。残存引張り力は 2 週間で 5 ％程度低下しているが，それ以降は収束していく傾向であることがわかる。横軸を対数としたグラフを図-参 6.2 に示す。計測結果は，ほぼ直線的となり，近似式から 50 年後においても，残存引張り力の低下は 17 ％程度と推定できる。

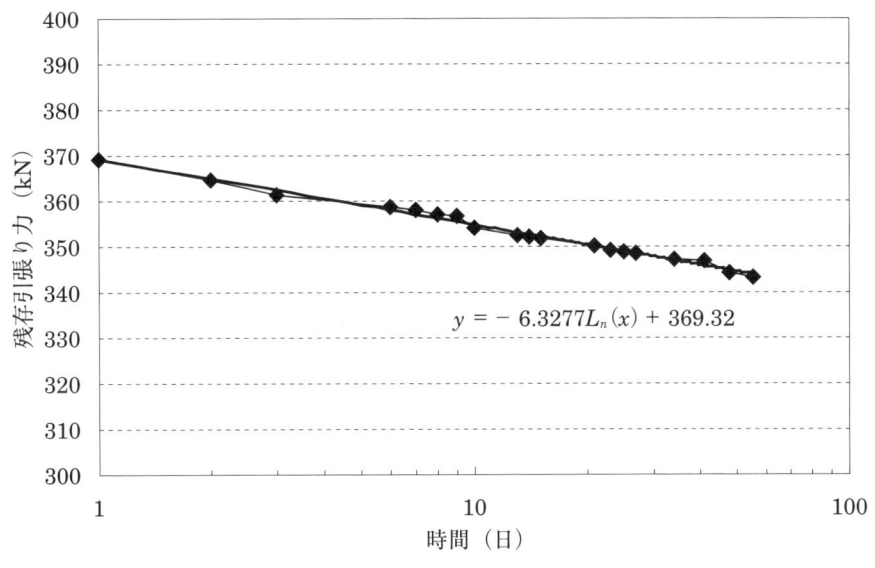

図-参 6.2　残存引張り力の計時変化（対数軸）

グラフ中の式： $y = -6.3277 L_n(x) + 369.32$

【B 現場】
　B 現場で採用されていたグラウンドアンカーの残存引張り力をモニタリングしていたところ，季節による荷重の変化が見られた。図-参 6.3 に 1 年間の計測における残存引張り力の変化を示す。

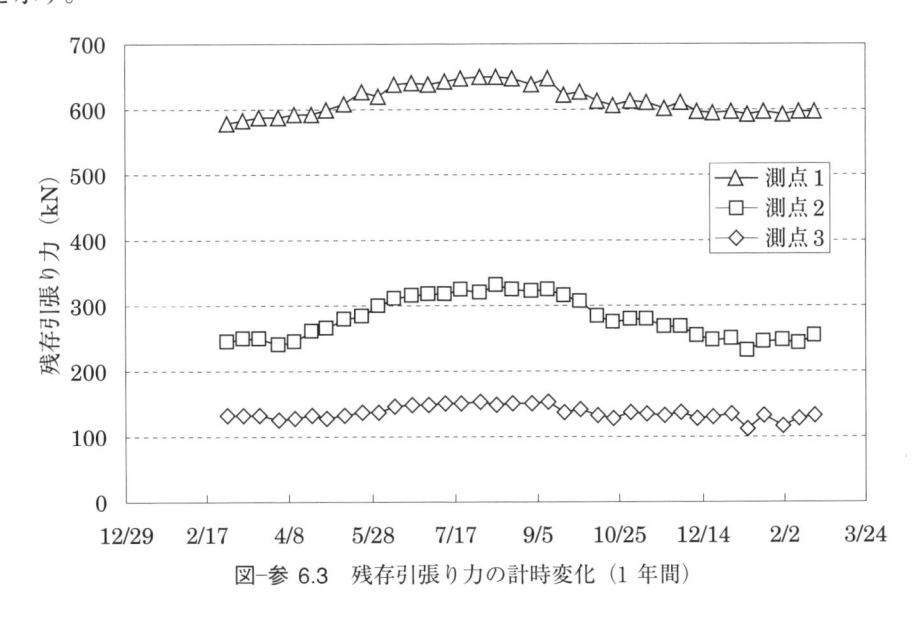

図-参 6.3　残存引張り力の計時変化（1 年間）

　上記のグラフは，B 現場における 1 年間の残存引張り力の経時変化である。測点 1，測点 2，測点 3 は，同一現場のアンカーである。いずれの測点も夏期に荷重が上昇し，冬期には荷

重が低下するという傾向が確認できる。長期的な残存引張り力の変動には，地盤本来の変動の他にも季節による変動があることが確認できる。

【C 現場】

C 現場で採用されていたグラウンドアンカーの残存引張り力をモニタリングしていたところ，地震の発生により残存引張り力の急激な変化が見られた。図-参 6.4 に地震前，地震後，対策後の荷重計の荷重変化を示す。

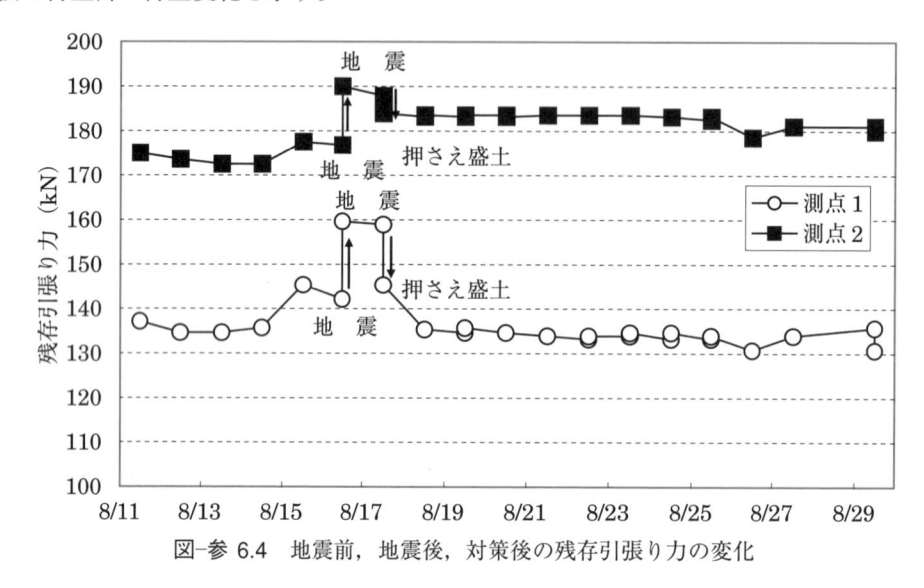

図-参 6.4 地震前，地震後，対策後の残存引張り力の変化

測点 1 と測点 2 は，同側線上に位置し，測点 2 は，測点 1 の直下のアンカーである。測点 1 を観察すると，地震が発生した後に，軸力計の荷重が急激に増加している。対策工として，抑え盛土を行った結果，荷重が下がり，以後荷重は安定している。測点 2 も，測点 1 と同様な荷重変化があることが理解できる。

このように，荷重計によるモニタリングを行うことにより，地震等による残存引張り力の変化，対策工の効果による荷重の安定が確認できる。

参考資料— 7　超音波探傷試験について

1. アンカーの特性と適用性

アンカーの構造には各種のものがあり，アンカーテンドン周囲の状況も現場によって異なると考えられる。アンカーの超音波探傷試験の結果に影響を及ぼすと考えられる要因を整理すると，図-参 7.1 のとおりとなる。これら各種要因に対する超音波探傷試験の適用性について，一連の基礎的な試験を行い確認してきた[3]。これらの結果から，各測定システムの適用性を整理すると表-参 7.1，参 7.2 のとおりとなる。アンカーの健全性調査においては，これら適用範囲を目安として，試験を行うことが望ましい。

これらの各種要因に対する適用範囲から判断すると，超音波探傷試験は，現段階では主としてアンカー頭部背面付近のテンドンの健全性を調査するのに適していると考えられる。なお，これらの適用範囲は，一連の試験結果に基づいて作成したものであるが，今後の新たな測定方法の開発によっては，適用範囲がさらに広がる可能性はあると考えられる。

測定システム
・周波数レンジ
・超音波エネルギー
・検出フィルター
・ノイズキャンセラー
・探触子材質・構造
・探触子サイズ
・波形モード読み取り技術

基本性状
・テンドンの種類(鋼棒，より線)
・長さ(全長，自由長，アンカー体長)
・テンドン径
・テンドン端面形状
・テンドンの曲がり
・テンドン被覆(エポキシ被覆)
・テンドンの接続(カップラー等)

周囲拘束条件
・定着方法(くさび，ナット)
・防錆油(グリース)
・グラウト
・水
・プレストレス

損傷状況
・損傷形状(クラック，くぼみ，孔食)
・損傷深さ
・損傷範囲
・損傷位置
・損傷状況(物理的損傷，化学的腐食)

グラウンドアンカーの要素

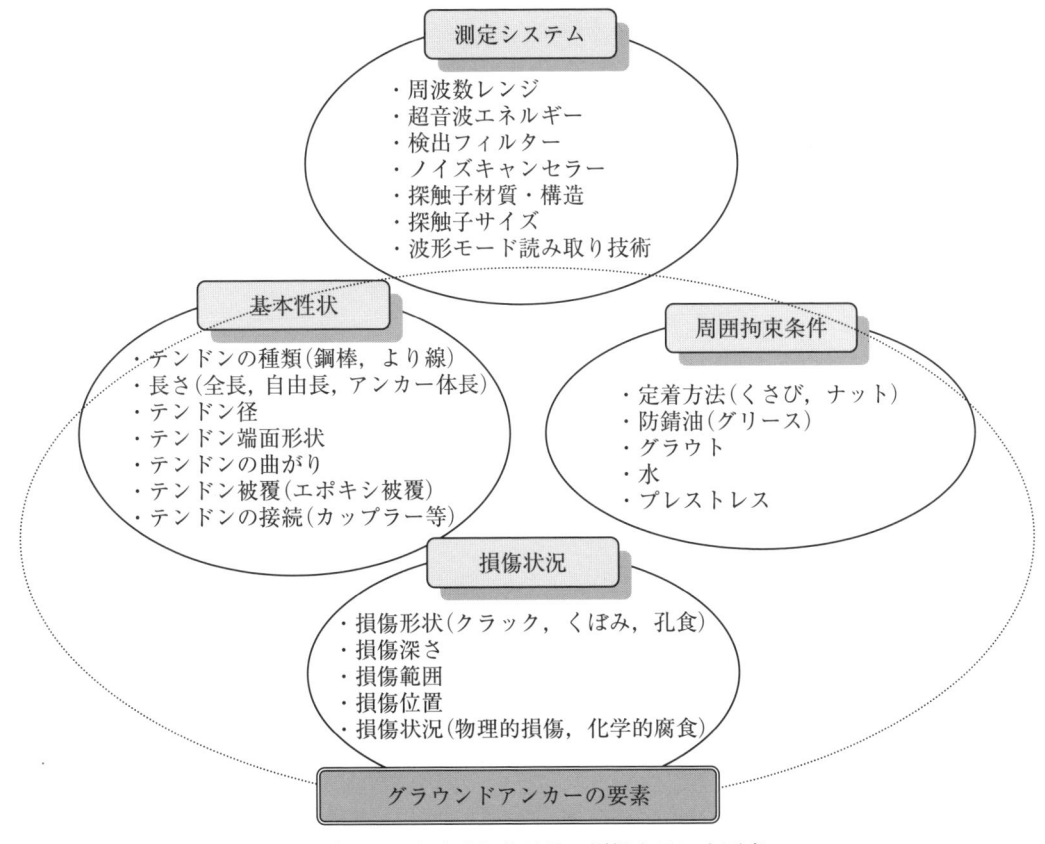

図-参 7.1　超音波探傷試験に影響を及ぼす要素

表-参 7.1 各測定システムの適用性

			PC鋼棒		PC鋼より線	
			高周波タイプ (コンポジット探触子)	低周波タイプ (アクティブ探触子)	高周波タイプ (コンポジット探触子)	低周波タイプ (アクティブ探触子)
基本性状	長さ[1]		6mまで確認	6mまで確認	6mまで確認	6mまで確認
	テンドンの曲がり[2]		―	―	―	○
	テンドンの被覆		○	○	×[3]	△
	テンドンの接続[4]		×	×	―	―
損傷状況	損傷形状	くぼみ・孔食[5]	△	×	―	―
		クラック	○	×	―	―
		素線欠損	―	―	○	○
	損傷深さ		2mm程度まで	×	0.5本程度欠損まで	0.5本程度欠損まで
	損傷位置		2m程度まで	×	5m程度まで	5m程度まで
周辺拘束条件	定着方法	ナット定着	○	○	―	―
		くさび定着	―	―	△[6]	△[6]
	グリース		○	○	△[7]	△[7]
	グラウト		○	○	×	×
	水		○	○	△	△
	プレストレス		○	○	△[8]	○

○:影響をほとんど受けない　△:影響を受けるが検出可能な場合がある　×:影響を受け検出不可

注:1) 長さの適用範囲は,室内試験にて端面検出の実験を行った範囲であり,条件によってはこれ以上の可能性ある
2) PC鋼より線での高周波タイプによる実験は未実施のため判断できない
3) 塗膜厚が薄い場合には影響をそれほど受けない場合がある
4) カップラーによるPC鋼棒接続の際の接続個所より奥の検出の可能性
5) くぼみ・孔食は,ドリルにより再現した損傷に対する試験結果
6) くさび定着の影響は,影響を大きく受けて検出できない場合もある
7) グリースは固結度が低い場合や被覆厚が薄い場合には影響が小さい場合がある
8) PC鋼より線の場合には,プレストレス作用時のくさび定着の影響が大きい

表-参 7.2 各測定システムの適用範囲

	高周波タイプ (コンポジット探触子)	低周波タイプ (アクティブ探触子)
PC鋼棒	・頭部背面のテンドンクラック等の検出 ・テンドンの破断の確認	・テンドンの破断の確認 ・接続部までの長さの確認
PC鋼より線	・頭部背面のテンドン欠損の確認	・頭部背面のテンドン欠損の確認

2. 超音波探傷試験方法

1) アンカーの超音波探傷試験は，アンカーの健全性調査の一部であり，試験に際しては他の調査から得られる情報，超音波探傷試験の目的とその結果の活用方法など，健全性調査全体の調査内容を把握しておくことが必要である。また，現場では頭部詳細調査とリフトオフ試験の間に超音波探傷試験を実施することとなり，超音波探傷試験が健全性調査全体の工期に影響を及ぼす場合もあり，健全性調査全体の計画を把握し，効率良く調査が実施できるように計画する必要がある。

2) アンカーの種別・構造により測定方法が異なるため，計画段階でこれらの情報を把握する必要がある。テンドンの種別（PC鋼棒，PC鋼より線）や径により，使用する探触子が変わる場合があり，また本数は試験に要する作業量にも影響を与えるため，事前に把握する必要がある。また，アンカーの長さを確認することにより，測定の際のレンジの目安となり，カップラーで鋼棒を接続している場合には測定結果に大きな影響を与えることになるため，事前にその位置を把握する必要がある。

3) アンカーの超音波探傷試験の一般的な手順と留意事項を以下に記す。
   a. アンカー頭部周辺・状態の目視観察
   　アンカー頭部保護損傷，湧水の状態など，アンカー頭部周辺の状態を目視観察する。なお，アンカー頭部詳細調査が事前に実施されている場合には，省略してよい。
   b. アンカー頭部保護の取り外し
   　探触子をアンカーテンドンに直に接触させるために，アンカー頭部の保護を取り外す必要がある。頭部コンクリートで覆われている場合には，コンクリートを撤去しなければならないため，事前に形状等を確認し，必要な用具を用意しておく必要がある。
   c. テンドンに付着した防錆油の除去
   　テンドンに防錆油が付着したまま残っていると，反射エコーが十分に得られない可能性があるため，防錆油の付着が残らないように丁寧に取り除くのが望ましい。
   d. アンカー頭部の目視観察
   　超音波探傷試験で反射エコーが確認できた場合，その原因を検討するために，以下の項目を事前に確認しておくことが望ましい。
   　① 定着具からの鋼線・鋼棒長さ
   　② 緊張定着時のくさび傷
   　③ 定着具
   　④ 支圧板
   　⑤ 頭部背面台座厚さ
   　⑥ 受圧板厚さ
   アンカーの荷重を解除した場合には，
   　① 頭部キャップを取ったときの鋼線長さ
   　② リフトオフ試験時のくさび傷

③ シースと頭部の距離
④ シースの傷の長さ

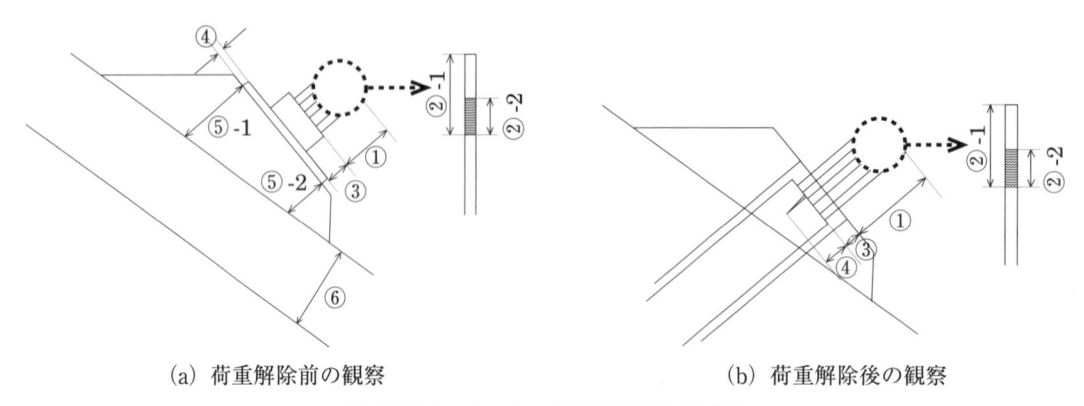

(a) 荷重解除前の観察　　　(b) 荷重解除後の観察

図-参 7.2　アンカーの目視観察の模式図

　荷重解除する場合は，鋼より線の場合には各より線がばらけてしまい，荷重除荷前後でより線の位置がわからなくなる恐れがあるため，図-参 7.3 のように荷重除荷前に各より線に番号付けを行うなどの対応が必要である。

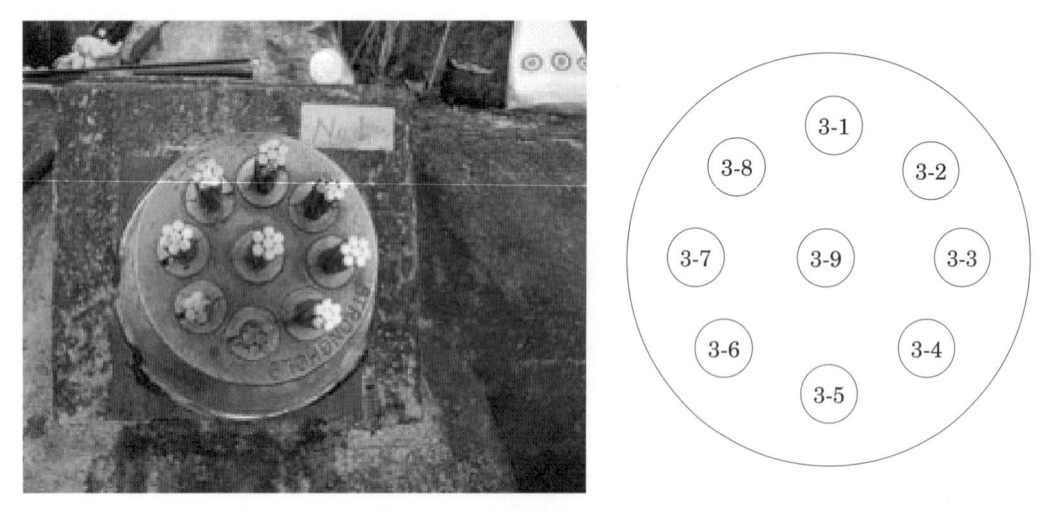

図-参 7.3　鋼線番号の付け方の例

e. テンドン端面の研磨
　探触子を接触させるテンドン端面は，平滑であることが望ましいため，研磨する。
f. 超音波探傷試験
　テンドン端面の探触子接触面に専用の接触媒質を塗布し，探触子を接触させる。探触子を探傷面で円を描くようにゆっくりと動かし，反射エコーが確認できた場所で探触子を動かすのを止め，データを取り込む。

4）超音波探傷試験では，主として以下の 4 項目の測定を行う．各項目を図−参 7.4 に示す．反射エコーの大きさをエコー高さと呼び，％で表す．測定する距離の範囲はレンジと呼び，その中で反射エコーが検出された場合には，その位置を確認する．

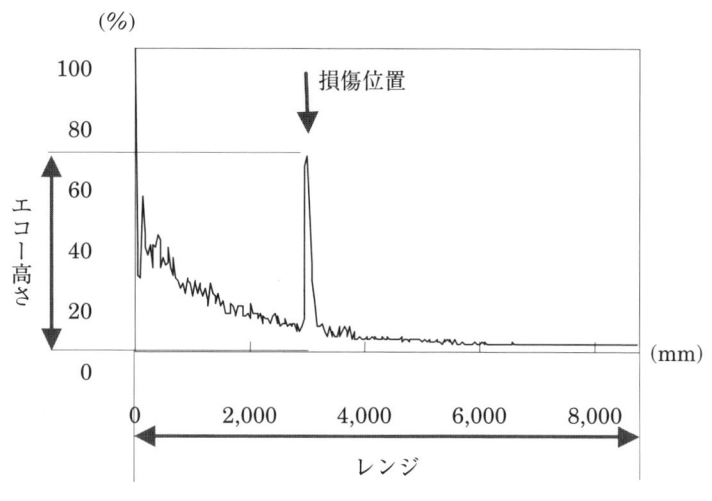

図−参 7.4 超音波探傷試験データの例

a．レンジ

　測定する対象物の位置に合うように設定する．頭部背面に損傷がある可能性が高いと判断された場合には，レンジを小さい値に設定し，PC 鋼棒がカップラーで接続されているとわかっている場合には，そのカップラーを検出できる範囲までレンジを広げる．

b．エコー高さ

　反射エコーの読み取りの判定（エコー検出の有無）は，下式による dB 表示のエコー高さ（H_F）が，6dB 以上かどうかによって検出の判断の目安とするとよい．

$$\text{dB 表示のエコー高さ}（H_F）= 20 \log_{10}（h_F/h_S）$$

　　　ここで，　h_F：損傷位置の最大エコー高さ（％）
　　　　　　　h_S：基準エコー高さ（周辺のエコー高さ）（％）

c．ゲイン値

　表示されるエコー高さを調整するためにゲイン値を設定するが，以下の値を目安としてよい．エコーが明瞭でない場合には，これよりも感度を良くして試験を行う．

　　　　コンポジット探触子の場合　　50 〜 70dB
　　　　アクティブ探触子の場合　　　20 〜 30dB

d．損傷位置

　反射エコーが得られた場合には，探触面からの位置を測定する．損傷位置は，鋼材内を音波が伝播する速度（5,900m/s）を入力して求めるが，テンドンのように細長い試験体の場合には，見かけ上の伝播速度が遅くなることが試験によりわかっている．このため，事前に試験体

となるテンドンと同じ形状の試験体により伝播速度を測定し，測定された損傷位置の補正を行う必要がある。

5) 目視観察で得られたデータと，超音波探傷試験から得られたデータを比較し，反射エコーの原因を検討する。目視観察で確認された傷などの損傷や PC 鋼棒のカプラー位置以外で反射エコーが得られた場合には，テンドンの何らかの損傷が発生している可能性があると推定できる。

6) 目視観察の結果や超音波探傷試験結果のデータをデータシートに整理し，記録する。また，各試験で得られた波形データも併せて整理する。

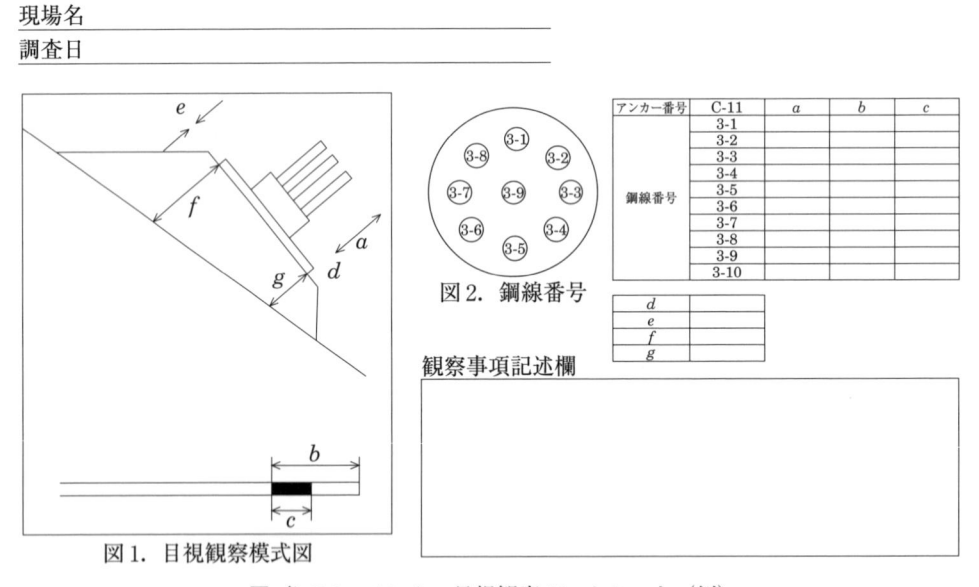

現場名
調査日

図1. 目視観察模式図

図2. 鋼線番号

アンカー番号	C-11	a	b	c
鋼線番号	3-1			
	3-2			
	3-3			
	3-4			
	3-5			
	3-6			
	3-7			
	3-8			
	3-9			
	3-10			

d	
e	
f	
g	

観察事項記述欄

図-参 7.5　アンカー目視観察データシート（例）

表-参 7.3 データ整理表（例）

試験番号	鋼線番号	探触子			レンジ (mm)	エコー高さ (%)	ゲイン値 (dB)	損傷位置 (mm)	補正位置 (mm)
		径	種類	周波数					
1	3-1								
2									
3									
‥									

【参考資料】
1) （社）日本非破壊検査協会：非破壊検査技術シリーズ　超音波探傷試験Ⅰ，1999年
2) （社）地盤工学会：地盤工学会基準　グラウンドアンカー設計・施工基準，同解説（JGS4101-2000），2000年
3) 独立行政法人土木研究所技術推進本部施工技術チーム：超音波探傷試験によるグラウンドアンカーの健全性調査に関する調査報告書，2006年

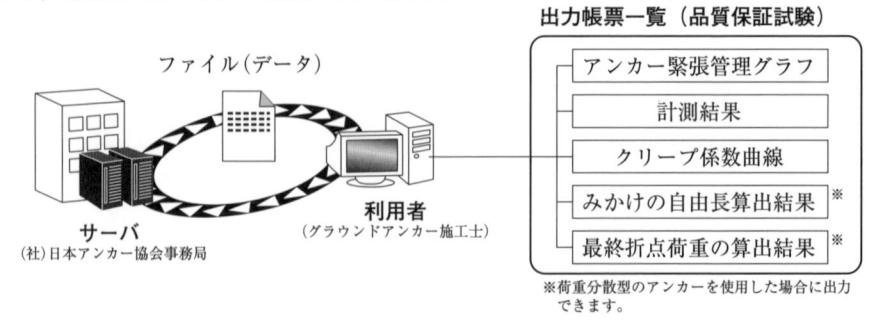

参考資料－8　「グラウンドアンカー緊張管理システム」の概要

「グラウンドアンカー緊張管理システム」は，社団法人日本アンカー協会が，緊張管理に伴うデータ処理作業を，インターネットを介して行うアプリケーションサービスである。

本システムは，地盤工学会のグラウンドアンカー設計・施工基準に準拠し，グラウンドアンカー工事の緊張管理図作成，品質保証試験の報告書の作成をサポートする機能を有している。

　　　　　　　（実施目標）
　　　　　　　・グラウンドアンカー工の緊張管理様式の統一化
　　　　　　　・グラウンドアンカー工の施工実績のデータベース化
　　　　　　　・グラウンドアンカー工の緊張管理に関する品質向上

1) アンカー緊張管理システムとは……
　・日本で初めてのアンカー・インターネット・サービス
　　アンカー緊張管理の情報処理をインターネットを介して行う「ASP」サービスは，日本で初めてのサービスである。
　　（ASP：アプリケーション・サービス・プロバイダの略）
　・年中無休，24時間利用可能
　　いつでも，サービスが利用できる。
　・簡単操作
　　利用するのに必要な「ソフト」は，ごく簡単なマウス中心の操作で利用できる。入力されたデータは自動的に保存される。
　・高機能
　　利用すると，これまでばらばらであったグラウンドアンカー工事の緊張管理様式を統一することができる。
　・「グラウンドアンカー施工士」のみが利用
　　「グラウンドアンカー施工士」のみが利用でき，データ入力・管理を責任を持って行うことから，緊張管理に関する品質の向上が図られる。

参考資料—8 「グラウンドアンカー緊張管理システム」の概要　　157

日本アンカー協会のホームページから簡単にアクセス
http://www.japan-anchor.or.jp/

緊張管理システムの画面

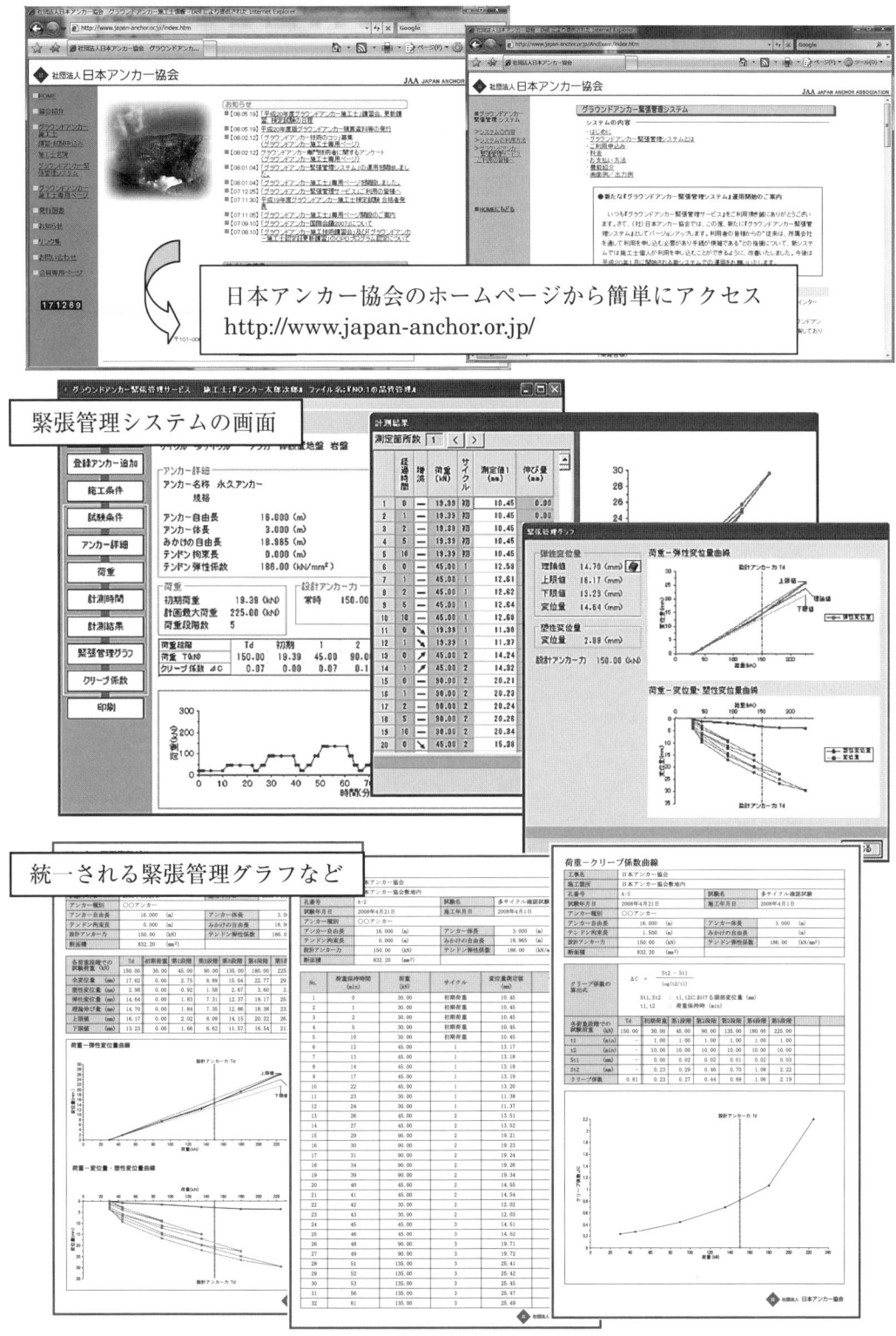

統一される緊張管理グラフなど

図-参 8.1　グラウンドアンカー緊張管理システムの概要

参考資料-9 「グラウンドアンカー施工士」検定試験の概要

「グラウンドアンカー施工士」は,言わば"グラウンドアンカー・マイスター"として,健全なグラウンドアンカーの一生を見守っていきます。

1. 検定試験の目的

社団法人日本アンカー協会は,グラウンドアンカー工法の調査,設計および施工に関する知識と技術の向上を図り,同工法の信頼性を高めることを目的に,グラウンドアンカー工事に従事する技術者を対象として,グラウンドアンカー施工士検定試験を実施している。

2. 受験資格

グラウンドアンカー工法の調査,設計および施工に関する業務について,受験者の学歴または資格に応じて,実務経験を有する必要がある。

学歴または資格	起算	必要な実務経験年数	
		指定学科の卒業者	指定学科以外の卒業者
大学を卒業した者	卒業後	2年6ヵ月以上	3年6ヵ月以上
短期大学または高等専門学校（5年制）を卒業した者	卒業後	3年6ヵ月以上	4年6ヵ月以上
高等学校を卒業した者	卒業後	4年6ヵ月以上	6年6ヵ月以上
その他の者	卒業後	9年以上	

注1）実務経験年数は受験する年の3月31日現在で計算してください。
注2）指定学科とは,土木工学（農業土木,鉱山土木,海洋土木を含む）,建築工学,機械工学,都市工学,建設工学,電気工学,地学,応用地学,資源工学,林学,衛生工学,交通工学,安全工学,環境保全工学,およびこれらに関連する学科。
ただし,「専修学校」の取り扱いは2級土木施工管理技術検定試験に準じます。

3. 試験委員会

試験を適正に実施するため,学識経験者等で構成する試験委員会が設置されており,大学,国土交通省,（独）土木研究所,高速道路総合研究所,（財）全国建設研修センターの専門家から構成されている。

4. 検定試験の内容

検定試験内容はグラウンドアンカーに関する調査,計画,材料,防食,設計,施工,試験,維持管理,安全,法規です。試験は択一式,記入式および経験を主とした記述式問題が出題される。

5. 認定証の交付申請

検定試験に合格した人は，「グラウンドアンカー施工士」として協会に登録し，認定証を交付される。

6. 資格の更新

グラウンドアンカー施工士認定証の有効期間は5年である。有効期間内に認定証の更新のための特別講習を受講することにより更新される。

7. 検定試験の合格者数

グラウンドアンカー施工士検定試験は，平成7年度より実施しており，平成19年度までの累計受験者数は8,606名，累計合格者数は3,167名，平均合格率は36.8％となっている。

表-参9.1 グラウンドアンカー施工士検定試験の受験者数・合格者数

年　度	受験者数	合格者数	合格率
平成7年度(第1回)	538	244	45.4
平成8年度(第2回)	607	214	35.3
平成9年度(第3回)	687	184	26.8
平成10年度(第4回)	955	337	35.3
平成11年度(第5回)	643	225	35.0
平成12年度(第6回)	616	227	36.9
平成13年度(第7回)	625	218	34.9
平成14年度(第8回)	727	249	34.3
平成15年度(第9回)	789	333	42.2
平成16年度(第10回)	710	325	45.8
平成17年度(第11回)	623	217	34.8
平成18年度(第12回)	631	247	39.1
平成19年度(第13回)	455	147	32.3
合　計	8,606人	3,167人	36.8％

参考資料— 10
各国，各機関におけるアンカーの維持管理基準，勧告他の抜粋

1. 日本

① 地盤工学会基準「グラウンドアンカー設計・施工基準，同解説」（JGS4101-2000）

第 9 章　維持管理
　9.2　点検などの項目および方法
【解説】
　……構造物の目視による点検の項目および頻度の例を以下に示す。

対象		点検項目	点検手法	点検頻度		
				日常 注1)	定期(A) 注2)	定期(B) 注3)
アンカー頭部	防護コンクリート	浮き上がり，剥離	目視，打撃音		○	◎
		破損，落下	目視	○	○	○
		劣化	目視		○	○
	保護キャップ	破損，落下	目視	○	○	○
		劣化	目視			◎
	テンドンなどの鋼材	錆，腐食	目視			○
	防錆油	油漏れ，量	目視		○	◎
アンカーされた構造物		変形，沈下	目視，測量		○	◎
		コンクリート劣化	目視		○	○
		亀裂，ひび割れ	目視，寸法計測		○	◎
		破損	目視	○	○	○
その他	湧水	しみ出し，量	目視		○	◎
	周辺地盤	沈下，変位	目視，測量		○	◎
	周辺構造物	沈下，変位	目視，測量		○	◎

空欄：必要により目視点検を実施
○：目視点検のみ
◎：目視点検に加え，必要により打撃・測量・試験なども実施
注 1) 日常の点検業務において，道路などから視認できる範囲の状況を点検
注 2) 概ね1〜2年に1回程度の頻度で，点検対象物に接近して目視
注 3) 概ね3〜5年に1回程度の頻度で，点検対象物に接近し，細部にわたって点検

図-参 10.1　グラウンドアンカー年度別施工実績の推移

② (社) 日本アンカー協会　グラウンドアンカー施工のための手引書 (2003 年 4 月)

第 9 章　維持管理
9.3　点検などの期間と頻度
　……アンカーの維持管理は，基本的にはその供用期間中に定期的に継続して行われるべきである。その頻度については，アンカーの目的，周辺環境，用途あるいはその点検や観測が容易であるかどうかによって変わってくる。………リフトオフ試験による場合は現地にジャッキなどの試験用機械や資材を持ち込む必要があるので，頻繁に実施することは容易ではない。この方法によってテンドンの残存引張り力を測定するのは，荷重計が設置されていない場合，荷重計の観測結果からさらに多くのテンドンの残存引張り力の測定が必要となった場合などである。もちろん，定期的に実施することは可能であり，特に重要構造物の周辺で使用されている場合で，2～3 年毎にリフトオフ試験が実施され，その結果によって再緊張が行われているという実績もある。

③　FIP (Federation Internationale de la Precontrainte・国際プレストレス連盟) Recommendations
"Design and construction of prestressed ground anchorages" (1996)

11.　アンカーの挙動のモニタリング
11.1　一般
　建物，橋梁，ダムに関しては，構造物・地盤・アンカーまたはアンカーされた掘削のモニタリングが時として行われるであろう。
　アンカー打設の前の計画や設計段階において，アンカーが打設後にモニタリングされるかどうかを決定しなければならない。
　モニタリングとして，個々のアンカーの荷重計測や構造物や掘削の全体としての挙動の計測が行われる。後者は，実施・実行可能な場所ではどこでも，主たる設計コンサルタントによって実施されるのが望ましい。アンカーの荷重計測のみが実施される所では，設計者は計測するアンカーの数・位置・頻度と報告手順に関して計画を作成しなければならない。
　時間の経過とともにアンカーの緊張力が変動するときは，荷重計を用いてモニタリングされるが，長時間の信頼性を有する荷重計が必要である。
　供用期間を通じて許容される緊張力の低減・増加量の最大値は，設計を考慮し示されなければならない。P_w の 10 ％までの変動は一般には問題がない。例えば構造物に変状等の理由が明らかでない場合に約 10 ％以上緊張力が低減した場合には，アンカーや構造物の部分的な破壊の可能性があり，原因や予想される結果に関して検討する必要がある。
　緊張力が，仮設，永久アンカーそれぞれで，P_w の 120 ％，140 ％を超える場合には，部分的な緊張緩和やアンカーの増し打ち等の対策を施す必要がある。

11.2 モニタリングの期間と頻度

　モニタリングの目的が，すでに供用中の未防食のアンカーなどのような腐食による変状の検出の場合には，3年間は6ヵ月以内の間隔で，それ以降は構造物の供用期間を通じて5年以内の間隔で試験を実施しなければならない。

　モニタリングの目的が，地盤変動の検出の場合には，モニタリングの手順は変動パターンの確認や記録のために計画され，これらの変動が無視できるようになるまで継続されなければならない。一般には，初期には3～6ヵ月間隔で試験が実施され，その後は結果に応じて長い間隔で実施されなければならない。これらの計測結果により，地盤内の応力条件に影響を与える気候や潮位の変化，上載荷重や部分的な掘削などの外的条件に対する許容値を定めなければならない。

　時には，構造物の初期の段階の地盤の変動を確認し，それ以降の腐食による変状を検出するためにモニタリングが必要となる場合もある。このような場合には，試験は短い間隔で始め，5年以下の間隔となるまで徐々に間隔が大きくなるように行わなければならない。

11.3 モニタリングの範囲

　モニタリングが構造物・地盤・アンカーの測地計測または構造物内部の応力計測を含む場合には，アンカーの役割が他の影響から分離されるように計画されなければならない。そのような計画の策定は詳細な知識を必要とし，構造物の設計者によって作成されなければならない。

　モニタリングの目的が腐食の検出の場合には，アンカー本数が100本未満の現場においては，少なくとも10％または3本（多い方）のアンカーがモニタリングされなければならない。それ以上の現場では，少なくとも100本を超える部分の5％をさらにモニタリングされなければならない。

　モニタリングの目的が，地盤の変動の影響の確認のみに限定される場合には，地盤条件が均一とわかっている場合には，より少ないアンカー，例えばアンカーの5％または3本（多い方）のアンカーをモニタリングすることが可能である。モニタリングされる数は，設計者によって示されなければならない。

④ PTI（Post-Tensioning Institute 米国ポストテンション研究所）
　"Recommendations for Prestressed Rock and Soil Anchors"（1996）

8.8 挙動のモニタリング

　施工中あるいは施工後のアンカーされた構造物のモニタリングは実施されるのが望ましく，設計段階においてモニタリングの頻度は決められなければならない。モニタリングは，荷重計やリフトオフ試験による個々のアンカー荷重の計測や，構造物や掘削の挙動の計測となる。モニタリングされるアンカーは，自由長内において摩擦のない状態としておく必要がある。仕様書ではアンカーテンドンの荷重が後日調整可能なように要求しているかも

しれない。アンカー頭部は，後のリフトオフ試験や荷重調整が可能なように特別に設計されなければならない。

設計者は，アンカーの数，位置，モニタリングの頻度および報告方法に関するモニタリング計画をあらかじめ規定しなければならない。

設計者はさらに，全体系の設計を考慮し，供用期間を通じてアンカーに許容される荷重の低下・増加の最大値を決めなければならない。

アンカー荷重の変化の原因や対策が必要か検討するため，アンカーされた構造物の変動を把握しなければならない。

一般には，観察は初期の段階では 1～3 ヵ月の短い期間で，後に結果により 2 年以内の間隔で行わなければならない。重大な荷重変動は，判定されなければならない。

最初のリフトオフ後の 2～3 時間または数日以内のリフトオフ荷重は，定期的に実行されないが，必要に応じて，永久アンカーに対して，ランダムに選択されて通常実施される。

それらは，アンカーの許容性の決定のために用いられない。

リフトオフ荷重は，最初のリフトオフ荷重と同様に得られる。最初のリフトオフ荷重とその後のリフトオフ荷重とを比較した際の許容値は，時間経過による荷重低減（テンドンのリラクセーション）やアンカーされた構造物の変動に対して設定されなければならない。

アンカー荷重増加が計測された場合には，荷重が安定するまでモニタリングを継続しなければならない。

もし，アンカーの荷重が最大試験荷重に近づいたら，設計荷重まで緊張緩和し，増し打ちを行わなければならず，アンカーされた構造物の全体の挙動を安定するまでモニタリングしなければならない。

長期のモニタリングの目的は，アンカーがその荷重を維持し，腐食による損傷を受けていないか確認することである。アンカーの量や計測の重要性に応じて，対象とする現場において，一般的には 3～10 ％，必要に応じてさらに多くの，アンカーがモニタリングされなければならない。

荷重計測装置または荷重計は，信頼性が増し，アンカー荷重の長期間にわたるモニタリングに頻繁に用いられるようになっている。油圧および振動線型荷重計は，電気抵抗型荷重計よりも現場条件に適している。歪みゲージ，特に電気抵抗型歪みゲージは，長期間の信頼性が示されていない。そのようなシステムの設計においては，不均一な荷重作用や端部の影響による不正確さを取り除くために，適当な支圧板や荷重計の長さ／径比を検討しなければならない。油圧型の荷重計は，気温変化の影響を受ける。設計者は，歪みを含む主要な計測値の大きさを検討するために，測量ターゲットのような補助計測システムの設置を検討しなければならない。

モニタリング計器は，損傷や破壊行為から保護され，簡単に接近できなければならない。

可能な場合には，遠隔計測装置により簡単かつ頻繁なモニタリングが可能となる。

　特異な挙動が観察された場合には，長期間にわたるロック・ソイルアンカーの性能確認やアンカーと構造物との相互関係の調査および特異な挙動の説明のために，ランダムなリフトオフ試験が有効である。試験中にアンカーの変動を計測するための独立した標点が無い場合に，リフトオフ試験は，アンカーの挙動を評価するのにも用いられる。

　しっかりした岩や土砂におけるアンカーの時間経過に伴う主要な荷重低下は，鋼材やリラクセーションの結果である。リラクセーションによる荷重低下は，鋼材の種類や応力レベルによるが，7日間で定着時荷重の3％までである。リラクセーションによる荷重低下の想定値は，テンドン業者から得られるであろう。

　粘性土や粘土質岩では，地盤のクリープが時間経過に伴う荷重低下の主要な原因となる。

⑤　BS（British Standard：英国基準）（BS8081: 1989）
　　"Code of Practice for Ground Anchorages"

　……永久アンカーが15年を超える期間設置され，防食が現在の基準に照らして不適切と考えられる場合，並びに定着荷重のモニタリングが不可能な場合には，可能であれば，内側頭部の引張り材の検査が行われるように，アンカー頭部の一定の試料数を露出させるべきである。

　モニタリングの目的が腐食の検出である場合，100本未満のアンカーを使用した現場においては，アンカーの少なくとも10％を監視すべきである。これより大規模な現場においては，100本を超えるアンカーの少なくとも5％以上を監視すべきである。

　モニタリングの目的が腐食による破損の検出である場合，試験は3年間は6ヵ月以下の間隔で行い，その後はアンカーされた構造物の供用期間を通じて5年以下の間隔で行うべきである。

　……一般的に言って，試験は当初3ヵ月から6ヵ月の短い間隔で行うべきであり，その後は試験結果に応じて，間隔を延長すべきである。これらの測定を行う際には，地盤の緊張状態に影響を及ぼす可能性のある気候の変化，潮位，荷重，および局所的掘削などの外的条件を相当見込むべきである。

　場合によっては，アンカーされた構造物の早期において地盤あるいは構造物の変動を確認するモニタリング，後期においては腐食による破損を検出するモニタリングが必要となることがある。こうした状況の場合，試験は短い間隔で開始して，次第に間隔を空けながら進め，最終的にはアンカーされた構造物の供用期間中は5年未満の間隔で実施すべきである。

⑥ 欧州基準（EN 1537:1999）ヨーロッパ連合（25 カ国）
"Execution of Special Geotechnical Work ― Ground Anchors"

> 9. 試験，監督およびモニタリング
> 9.11 モニタリング
> 　グラウンドアンカーはモニタリング設備を設置できる。荷重変化や地盤変動が起きやすい構造物では，これらの設備により設計供用期間を通じて挙動を観測することができる。モニタリングするアンカー本数や計測間隔を定めなければならない。
> 注）構造物の変動による場合，残留アンカー力を最低レベル以上に保持するために定期的にアンカーの再緊張を行う必要がある。
> 　アンカー頭部の接近可能な部分の防食は，定期的に点検がなされ，必要に応じて更新されなければならない。

⑦ フランス

> 　永久アンカーの挙動は少なくとも 10 年間監視され，アンカーの点検は一般的に，1 年目には 3 ヵ月毎，2 年目には 6 ヵ月毎，それ以降は年 1 回行われる。
> 　モニタリングの範囲は，設置されたアンカーの 10 ％（アンカー数 1 〜 50），7 ％（アンカー数 51 〜 500），および 5 ％（アンカー数＞ 500）である。

⑧ 豪州ニューサウスウェールズ州道路交通庁（QA DCM B114:1997）
"QA Specification: Permanent Rock Anchors"

> 　……長期モニタリングは，完了後，維持管理作業契約期間を通じて行われる。この点に関して，すべてのアンカーの定着荷重を監視し，いつでも緊張緩和および再緊張を行うことができるように準備しなければならない。さらに，選択したアンカー（少なくとも 50 ヵ所に 1 ヵ所）には，荷重計を取り付けなければならない。
> 　性能試験あるいは安定試験を受ける，荷重計を取り付けたアンカーすべて，並びに残りのアンカーの 10 ％の監視が行われなければならない。監視の頻度は，7 日後，14 日後，1 ヵ月後，3 ヵ月後，6 ヵ月後，およびその後 6 ヵ月間隔である。
> 　荷重計の読み取り値が信頼できないと思われるアンカーの残留荷重は，リフトオフ試験により確認すべきである。

⑨ 香港地盤工学局（GEOSPEC1）
"Model Specification for Prestressed Ground Anchors"（1989）

> 4.6 モニタリング
> 4.6.1 モニタリングの要求事項
> 　すべてのアンカーは，テンドンの残存引張り力がモニタリングできるように設置されなければならない。アンカーへの過荷重や損傷が無いように，すべてのモニタリングが

行われなければならない。装置は，5.6.3 および 5.6.4 に規定されなければならない。

　請負者は，4.6.2 および 4.6.3 の計画，手順に従って維持管理期間が終了するまでアンカーのモニタリングを実施しなければならない。

⑩　南アフリカ
　　土木技術者協会（SAICE:1989）
　　"Code of Practice: Lateral support in surface excavations"

　自由長全体が完全にグラウトされていない永久アンカーの場合，慎重な荷重測定として，供用期間の最初の 1 年間はアンカーの 10 ％を監視し，1 年経過後にさらに 10 ％を監視し，その後の監視の程度はアンカーのいずれかが破損したことによるリスク評価によって判定すべきである。

グラウンドアンカー維持管理マニュアル

2008年 7 月 10 日　発行 ©

編　者　　独立行政法人 土 木 研 究 所
　　　　　社団法人 日本アンカー協会

発行者　　鹿 島 光 一

発行所　　鹿 島 出 版 会
　　　　　107-0052　東京都港区赤坂6丁目2番8号
　　　　　Tel. 03(5574)8600　振替 00160-2-180883
　　　　　無断転載を禁じます。
　　　　　落丁・乱丁本はお取替えいたします。

DTP：エクセルアート　　印刷・製本：壮光舎印刷
ISBN 978-4-306-02402-1　C3052　　Printed in Japan

本書の内容に関するご意見・ご感想は下記までお寄せください。
URL：http://www.kajima-publishing.co.jp
E-mail：info@kajima-publishing.co.jp